JOCHEN FISCHER · S[illegible]IES

Einfach genial!

Über 40 weltberühmte Erfindungen aus Baden-Württemberg

5. Auflage 2015

Umschlaggestaltung: Björn Locke,
Nürtingen, unter Verwendung von
Fotografien von Susanne Klose und der
Margarete Steiff GmbH.
Druck: Gulde-Druck, Tübingen.

Printed in Germany.

ISBN 978-3-8425-1254-2

Inhalt

Baden-Württemberg als das Land der Dichter und Denker ist längst schon ein Gemeinplatz. Immerhin ist Friedrich Schiller, einer der ganz großen deutschen Dichterfürsten, ein gutes Beispiel für grenzüberschreitende Gemeinsamkeiten Badens und Württembergs. Geboren und erzogen wurde er in Marbach und Stuttgart, seine ersten Theatererfolge feierte er in Mannheim. Jenseits der Poesie und Philosophie sind Baden und Württemberg auch die Länder der Genießer und der Häuslebauer, der Tüftler und der Schaffer. Kein Wunder, denn die Region ist nur unwesentlich mit Rohstoffen gesegnet. Wo keine Bodenschätze sind, musste von jeher Einfallsreichtum helfen.

Wo gedacht, gegrübelt und getüftelt wird, bleiben Erfindungen nicht aus. Sich diesem Aspekt der baden-württembergischen Geschichte und Gegenwart an die Fersen zu heften, ist die Idee dieses Buches. Im industrialisierten Baden-Württemberg der Gegenwart ist der Erfindungsreichtum lebendig wie eh und je: Das drittgrößte Bundesland liegt in der Zahl der jährlichen Patentanmeldungen in Deutschland traditionell ganz weit vorn. Und in der Vergangenheit sind viele weltbedeutende Erfindungen in Baden-Württemberg gemacht worden – solche, von denen jedermann weiß und andere, von denen man überrascht ist, weil man sie nicht im Südwesten verortet hätte.

Ein Pustefix-Röhrchen von heute.

Es gibt ganz kleine Erfindungen aus Baden-Württemberg wie Phosphorzündholz und Kunststoffdübel und es gibt große wie die moderne Windkraftanlage. Es gibt Erfindungen, die die Welt umgekrempelt haben wie das Automobil. Es gibt solche, die sie einfach ein bisschen schöner machen wie Büstenhalter, Dauerwelle und Stretch-Jeans. Es gibt überraschende Erfindungen wie den ersten Skilift der Welt, der nicht etwa in den Alpen Skifahrer zur nächsten Abfahrt den Berg hinaufzog, sondern im Schwarzwald. Lassen Sie sich davon überraschen, dass das Automobil praktisch zeitgleich in Baden und Württemberg von zwei Männern – Carl Benz und Gottlieb Daimler – erfunden wurde, die sich überhaupt nicht grün waren.

Eines der frühen Blech-Modelle der Spur I von *Märklin*.

Dass Märklin schon elektrische Eisenbahnen baute, als die meisten Häuser noch gar keinen Strom hatten. Dass die Kirschtorte gar nicht aus dem Schwarzwald kommt, aber zweifellos aus Baden-Württemberg.

Unsere Liste der Erfindungen aus Baden-Württemberg erhebt keinen Anspruch auf Vollständigkeit. Gewiss ließe sie sich noch verlängern, doch hoffen Autoren und Verlag, dass die Leser Freude haben werden an dieser vielfältigen Auswahl von Dingen, die uns häufig im Alltag begegnen.

Einige der in diesem Buch vorgestellten Erfindungen werden auch in Museen gewürdigt. Ein entsprechender Hinweis findet sich jeweils am Ende der Kapitel.

Das Rechnen hat die Menschen schon immer fasziniert. Nicht nur, weil es den Waren- und Geldverkehr ordnet, der unser Leben bestimmt. Sondern auch, weil sämtliche Naturwissenschaften die Welt buchstäblich berechnen. Von der ersten Rechenmaschine der Welt lässt sich eine direkte Linie zum Computer von heute ziehen.

Man bezeichnet den Tübinger Professor Wilhelm Schickard, der 1623 die erste mechanische Rechenmaschine der Welt baute, als »Vater der Computerära«. Vermutlich wäre »Urahn« zutreffender, denn es musste noch viel Wasser den Neckar herabfließen, bis das digitale Zeitalter begann. Es gibt einen weiteren bemerkenswerten Umstand, der Wilhelm Schickard mit dem Computer verbindet: Etwa zu seinen Lebzeiten tauchte im englischen Sprachraum erstmals das Wort Computer auf, abgeleitet vom lateinischen *computare* = berechnen. Diese ersten Computer waren – Menschen. Das Wort bezeichnete Wissenschaftler, die komplizierte, meist astronomische Berechnungen durchführten, mit Hilfe von Papier und Schreibgerät. Um diese astronomische Arbeit zu erleichtern, dürfte Wilhelm Schickard, über dessen Person nicht sehr viel bekannt ist, seine Rechenmaschine konstruiert haben. Zwei Exemplare davon hat er gebaut, beide sind verschollen, doch wurde seine Maschine von 1957 an in Tübingen rekonstruiert und im Jahr 1960 fertiggestellt.

Schickards Schicksal war der Dreißigjährige Krieg. Er wurde 1592 in Herrenberg geboren, und sein brillanter Intellekt wurde früh erkannt. Von 1610 an wurde er im Tübinger Stift auf die Pfarrerslaufbahn vorbereitet und übte diesen Beruf von 1614 bis 1619 aus. 1617 besuchte ihn der kaiserliche Mathematiker und Astronom Johannes Kepler, der von seiner mathematischen Begabung gehört hatte. Obwohl Kepler Schickard an Lebensjahren weit voraus war, verband die beiden danach eine lebenslange Freundschaft – ohne diese wäre Schickards Rechenmaschine vermutlich nie entstanden. 1619 wurde er Professor für hebräische Sprache an der Universität Tübingen und beschäftigte sich nebenher mit Astronomie – eine damals reizvolle Disziplin, weil das Berechnen der Wege der Himmelskörper besonders

komplex war. 1623 schrieb er ein erstes naturwissenschaftliches Buch, das den Sternenhimmel aus der Sicht der Erde abbildete. Im selben Jahr konstruierte er die Rechenmaschine, die es seinem Freund Johannes Kepler ermöglichen sollte, die Berechnungen vorzunehmen, mit denen Kepler die Richtigkeit seines heliozentrischen Weltbilds (die Sonne ist der Mittelpunkt unseres Planetensystem, nicht die Erde) beweisen wollte. Kepler hat diese Maschine nie erhalten, sie fiel einem Brand zum Opfer. Auch das Exemplar, das Schickard für seine eigenen Zwecke gebaut hatte, ist im Dreißigjährigen Krieg verlorengegangen. Dieser Krieg, der 1618 ausgebrochen war, hatte Tübingen bis 1634 verschont – um es dann umso schlimmer zu verheeren. Nach einer vernichtenden Niederlage der schwedischen Truppen fiel das kaiserliche Heer über Württemberg her und brachte wohl auch die Pest mit. Binnen eines Jahres starben fast 1500 Tübinger an der Seuche, darunter die gesamte Familie Schickard. Von Schickards Werk – er war auch Kartograph und hatte die bis dahin genauesten Landkarten des Herzogtums Württemberg erstellt – blieb kaum etwas übrig außer verstreuten Briefen. In einem davon steht sein Motto: »Wer nie etwas versucht, der bringt auch nichts zuwege.« Schickards Rechenmaschinen gingen verloren, er selbst geriet rasch in Vergessenheit.

Über das Leben von Wilhelm Schickard ist wenig bekannt.

Gegenüberliegende Seite: Die Schickard-Maschine ist ein Vorfahr heutiger Computer.

Der evangelische Pfarrer und Uhrmacher Philipp Matthäus Hahn.

Auch Briefe Schickards an Kepler blieben erhalten, bei ihnen eine Federskizze der Rechenmaschine. Sie ermöglichte Tübinger Wissenschaftlern im Jahr 1957 die Rekonstruktion des mechanischen Rechenapparats. Es handelt sich dabei um die erste Vier-Spezies-Maschine der Welt, also einen Apparat, der die vier Grundrechenarten Addieren, Dividieren, Multiplizieren und Subtrahieren beherrscht. Im oberen Teil der Maschine konnte multipliziert und dividiert werden, in der Mitte addiert und subtrahiert, und unten an der Maschine befand sich ein Speicher, wo Zahlen und Zwischenergebnisse als Merkhilfe eingestellt werden konnten. Die Maschine verarbeitete bis zu sechsstellige Zahlen. Besonders bemerkenswert ist die Mechanik aus Walzen und Rädern, von der Experten sagen, sie mache die Schickard'sche Maschine zu einem frühen mechanischen Computer.

Da Schickards Maschine schon 1635 wieder verloren ging, wurde sie in Baden-Württemberg quasi noch einmal erfunden, wiederum von einem in Tübingen ausgebildeten Theologen: Philipp Matthäus Hahn, der 1739 in Scharnhausen geboren wurde und 1790 in Echterdingen starb. Er konstruierte seine zylindrische Rechenmaschine, die aussah wie eine Uhr und mit Uhrwerkstechnik arbeitete, im Jahr 1770. Damals gab es bereits mechanische Rechenmaschinen, so etwa die *Pascaline* von Blaise Pascal, doch konnten mit Hahns Rechenapparat erstmals (seit Schickard) alle vier Grundrechenarten in einer Maschine vorgenommen werden. Die Maschine verarbeitete bis zu elfstellige Zahlen und war so konstruiert, dass ein guter Uhrmacher sie bei Bedarf reparieren konnte. Der Vollständigkeit halber: Auch das Computerzeitalter im eigentlichen Sinne hat mit einer deutschen, wenngleich nicht baden-württembergischen Erfindung begonnen: Der Berliner Konrad Zuse baute 1938 mit der *Z1* den ersten elektrisch angetriebenen, aber mechanisch betriebenen Rechner, der mit binären Zahlen arbeitete. Seine 1941 gebaute Maschine *Z3* verzichtete auf die störanfällige Mechanik und gilt als erster funktionsfähiger Computer der Welt.

Auf zwei Rädern zu pedalieren, sei es in der Freizeit, zum Einkaufen oder auf dem Weg zur Arbeit, ist gesund, macht Spaß und tut der Umwelt gut. Doch irgendwer musste erst die Idee haben, zwei Räder hintereinander anzuordnen und eine Maschine zu bauen, die balancierend bewegt werden will.

Dieser jemand war der Forstlehrer Karl von Drais, und das Gefährt trägt seither seinen Namen: *Draisine*. An Pedale hatte der Erfinder auch schon gedacht, ließ sie aber weg. Er ging davon aus, die Menschen hätten zunächst genug damit zu tun, das Fahren mit der *Draisine* zu erlernen. Die Zeitungen des kleinen Großherzogtums Baden berichteten im Sommer 1817 in aller Ausführlichkeit von der Fahrt des Forstlehrers Karl von Drais mit diesem neuartigen Gefährt: Sein Weg führte ihn von Mannheim zur Pferdewechselstation an der Straße nach Schwetzingen, im heutigen Mannheimer Stadtteil Rheinau gelegen, und retour. 15 Kilometer war die Strecke lang, und der damals etwa 30-jährige Mann brauchte für die Demonstrationsfahrt seines Zweirads eine Stunde – nur ein Viertel der Zeit, welche die Kutschen der Großherzoglich Badischen Post auf dieser Strecke unterwegs waren. Dass ein Mensch nur von der eigenen Kraft angetrieben viel schneller sein konnte als ein Pferdegespann, war unerhört neu. Die Idee zu seiner *Fahrmaschine*, wie Drais selbst sie nannte, war dagegen nicht ganz neu. Es hatte immer wieder Entwürfe für mehrrädrige Wa-

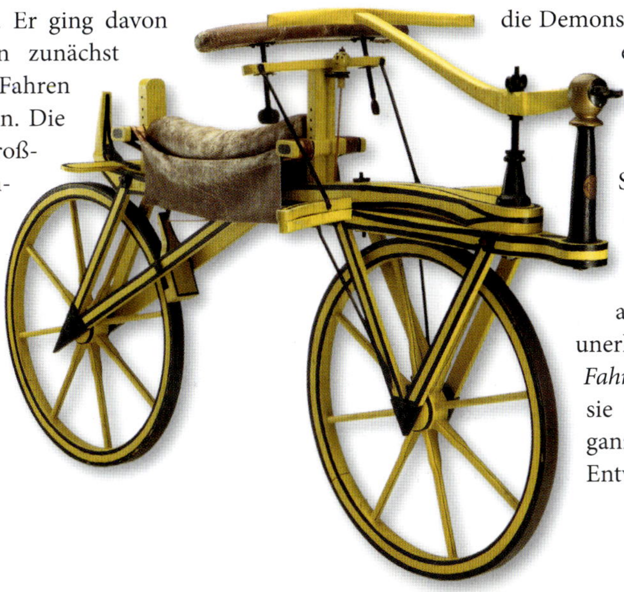

Nachbau einer Laufmaschine der zweiten Generation (um 1820) in den badischen Farben.

gen gegeben, die von Dienern adliger Herrschaften angetrieben werden sollten. Doch dem stand bis dahin der Rollwiderstand im Weg: Die Wagen waren zu schwer, ihr Antrieb zu mühsam.

Karl von Drais hatte schon seit 1811 das Privileg, sich als freigestellter Forstmeister ganz dem Erfinden widmen zu können. Er beobachtete, dass die Verwendung von Messingbüchsen in den Naben von Wagenrädern (die Technik kam aus England auf den Kontinent) den Reibungswiderstand enorm verringerte. Und er entdeckte, dass eine Fahrmaschine mit nur zwei Rädern die ideale Konstellation für den Antrieb durch menschliche Muskelkraft sei – und bis heute ist. Er ordnete die Räder hintereinander an und schuf damit ein Gefährt, das heutigen Laufrädern für Kleinkinder ähnelt – man sitzt im Sattel und stößt sich mit den Füßen vom Boden ab. Nebenbei hatte Karl von Drais, ein Demokrat, der während der Badischen Revolution von 1848 seinen Adelstitel ablegte, den modernen Individualverkehr erfunden: Seine Fahrmaschine war von ihm gedacht für Menschen aller Schichten, die nach eigenem Gutdünken kreuz und quer durch die Lande streifen konnten.

Porträt von Karl Drais, der 1848 seinen Adelstitel abgelegt hatte.

Gegenüberliegende Seite: Kolorierter Kupferstich aus Karl von Drais' »Abbildung und Beschreibung seiner neu erfundenen Laufmaschine«, Mannheim 1817.

Der vielfach begabte Erfinder, mit vollem Namen Karl Friedrich Christian Ludwig Freiherr Drais von Sauerbronn, wurde am 29. April 1785 als Sohn des Juristen und Staatsbeamten Karl Wilhelm Ludwig Friedrich Freiherr von Drais geboren. Der Vater war Präsident des Badischen Oberhofgerichts, ermöglichte dem späteren Erfinder Karl von Drais eine glänzende Bildung, die Übernahme in den badischen Forstdienst ohne wirkliche exekutive Aufgabe, die Freistellung und schließlich die Pensionierung vom Dienst: Mit nur 26 Jahren konnte er sich ganz seinen Erfindungen widmen, mit 34 Jahren wurde er Professor der Mechanik und pensionierter Forstmeister. Gestorben ist er am 10. Dezember 1851 im Alter von 66 Jahren – gedemütigt und völlig mittellos, da die Obrigkeit ihn für seine Beteiligung an der Revolution von 1848 abgestraft hatte.

Dass die Fahrmaschine eine folgenreiche Erfindung war, hat Karl von Drais zu Lebzeiten kaum gespürt. 1813

Auch in modernen Fahrrädern ist das Prinzip der Draisine verwirklicht.

und 1814 hatte er an verschiedenen Höfen eine *Fahrmaschine* vorgestellt. Die Begeisterung hielt sich in Grenzen. Erst als 1816 eine Reihe von Missernten und Hungersnöten einsetzte und das Futter für Zugtiere knapp wurde, hatte die neue Idee wieder eine gewisse Konjunktur. Das Laufrad von 1817 war eine erstaunlich leichte Konstruktion aus Holz, kaum schwerer als ein heutiges Hollandrad. Es hatte einen gepolsterten Schwingsattel, eine Halterung für einen mitzunehmenden Mantel, eine Lenkstange und sogar Satteltaschen links und rechts des Vorderrads.

Einem wirklichen Laufradboom stand der weitere Lauf der Geschichte im Weg. Nachdem die Getreidepreise wieder gesunken waren, hielt man das Radfahren auf Bürgersteigen für zu gefährlich und verbot es. Der Weg zum Fahrrad mit Pedalen führte dann über England und Frankreich. Zunächst wurden die Pedale an der Nabe des Vorderrads angebracht, was zum Hochrad führte. Um 1890 herum setzte sich der Kettenantrieb aufs Hinterrad durch. Einen großen Fortschritt machte das Fahrrad mit der Freilaufnabe inklusive Rücktrittbremse, die 1903 erstmals angeboten wurde und die sich Ernst Sachs – ein geborener Baden-Württemberger – hatte patentieren lassen. 1907 integrierte *Fichtel & Sachs* dann auch noch eine Nabenschaltung, die mit wenigen Veränderungen fast 50 Jahre lang aktuell war. Selbst beim sportlichsten Leichtbaufahrrad oder den modernen E-Bikes, die den Aktionsradius vieler Radler erweitern, schimmert aber immer noch das Grundprinzip der *Fahrmaschine* des Freiherrn von Drais durch, dessen Leben privilegiert begann und bitter endete.

Technoseum,
Landesmuseum für Technik und Arbeit in Mannheim,
Museumsstraße 1,
68165 Mannheim,
Telefon (06 21) 42 98-9,
www.technoseum.de

Nicht immer war es so einfach wie heute. Streichholzschachtel auf, Sicherheitsstreichholz raus, an einer rauen Fläche reiben und schon geht ein Lichtlein auf. Recht mühsam kämpften sich unsere Vorfahren mit Brennlupe und Feuerstein ab. Doch dann kamen der in Ehningen (Kreis Böblingen) geborene Jakob Friedrich Kammerer und seine bis heute praktische wie zündende Erfindung: die Phosphorzündhölzer.

Dass im Sohn eines Siebmachermeisters ein vielseitiger Erfinder schlummerte, vermutete am Tag seiner Geburt, dem 24. Mai 1796, vermutlich noch niemand. Als zweitletztes von sieben Kindern erlernte er zunächst den Beruf des Vaters und übernahm nach dessen Tod zusammen mit der Mutter das Geschäft in Ludwigsburg, wohin die Familie gezogen war. Jakob Friedrich Kammerer, ein Mann voller Ideen, Tatendrang und überdurchschnittlicher Begabung, war jedoch mit seiner Tätigkeit im erlernten Beruf und der Produktion von Trommelsieben sowie Sieben für Haus und Wirtschaft nicht ausgefüllt. Er begann mit der erfolgreichen Herstellung von Hüten aus Plüsch und Felbel, einem samtartigen Textil. 1824 besaß er eine Hutfabrik nebst dem Titel »Königlich Württembergischer Patenthutfabrikant«. Er produzierte seinerzeit modische, wasserdichte Damen-Seidenplüschhüte sowie Federkiele, Gichtpapier, Fliegenleim, Stiefelwichse und Limonade. Dazu vertrieb er Feuerzeuge.

Diese Büste aus Bronzeguss schuf der Bildhauer Kurtfritz Handel anlässlich des 200. Geburtstages von Kammerer.

Seit geraumer Zeit experimentierte Kammerer nebenbei an entzündlichen Hölzern, um die bis dahin bekannten Tauchhölzer zu verbessern und weiterzuentwickeln. Nicht immer zündelte er zur Freude seiner Nachbarn, die sorgenvoll bemerkten, es knalle immer wieder in Kammerers Hinterhaus. Bei seinen Versuchen kam es zu Bränden und Explosionen, die wie durch ein Wunder nur kleine Schäden anrichteten. Der Weg war für ihn klar: Es brauch-

Jakob Friedrich Kammerer, der Erfinder des Phosphorreibzündholzes, im Porträt.

te ein Holzstäbchen mit einem Kopf aus Gemischen, die bei Reibung ein Feuer entfachen. Kammerer probierte sich an in Schwefelsäure getauchten Hölzchen, die sich selbst entzünden und an der Verbindung von Sauerstoffträgern und weißem Phosphor aus. Wie er zerbrachen sich weitere Tüftler den Kopf, um dem Geheimnis der entzündbaren Hölzer samt ausgeklügeltem Chemiegemisch auf die Spur zu kommen. 1832 war es so weit: Jakob Friedrich Kammerer entfachte sein erstes Reibschwefelzündhölzchen nach seiner geheimen Rezeptur. Sein geschwefeltes Holzstäbchen bestand aus einem Zündkopf aus getrocknetem Gummi arabicum, Kaliumchlorat, weißem Phosphor und Indigo. Kammerers einfach zu handhabende und dazu erschwingliche Entdeckung fand schnell Abnehmer, rief aber auch Neider und Nachahmer auf den Plan. Rasch entwickelte sich daraufhin die Zündholzproduktion. Im Laden Kammerers kosteten 1835 ein Dutzend Zündhölzer einen Kreuzer. Doch 1836 musste der Erfinder seine Produktion einstellen. Explosionen und Unglücke, die mit den Phosphorzündhölzern in Verbindung gebracht wurden, alarmierten die Behörden. In Folge werden die als höchst gefährlich bezeichneten Hölzer durch ein Gesetz verboten. Zu dieser Zeit beschäftigte er 40 Personen, die täglich zwischen 300 000 und 400 000 Zündhölzer herstellten. Da sich Kammerer auch politisch engagierte, musste er wegen einer Verurteilung zu zwei Jahren Freiheitsentzug aus Deutschland flüchten. In der Schweiz, seiner neuen Heimat, produzierte er täglich bis zu einer Million Zündhölzer und lieferte sie bis St. Petersburg, Konstantinopel und Amerika. So lange, bis auch 1846 die Eidgenossen jene Phosphorhölzer verboten.

1847 kehrte er nach Ludwigsburg zurück. Jedoch plagten ihn sein familiäres Leid – er hatte zwei Ehefrauen verloren – und die beruflichen Fehlschläge und Enttäuschungen. Ludwigsburg hatte ihm, dem Erfin-

Kammerers Geburtshaus in Ehningen, das an der Hildrizhauser Straße/Ecke Königstraße stand. Das Gebäude wurde im Jahr 1980 abgebrochen.

Kammerer dokumentierte seine Erkenntnisse in seinem Rezeptbuch. Dieser Eintrag stammt aus dem Jahr 1839.

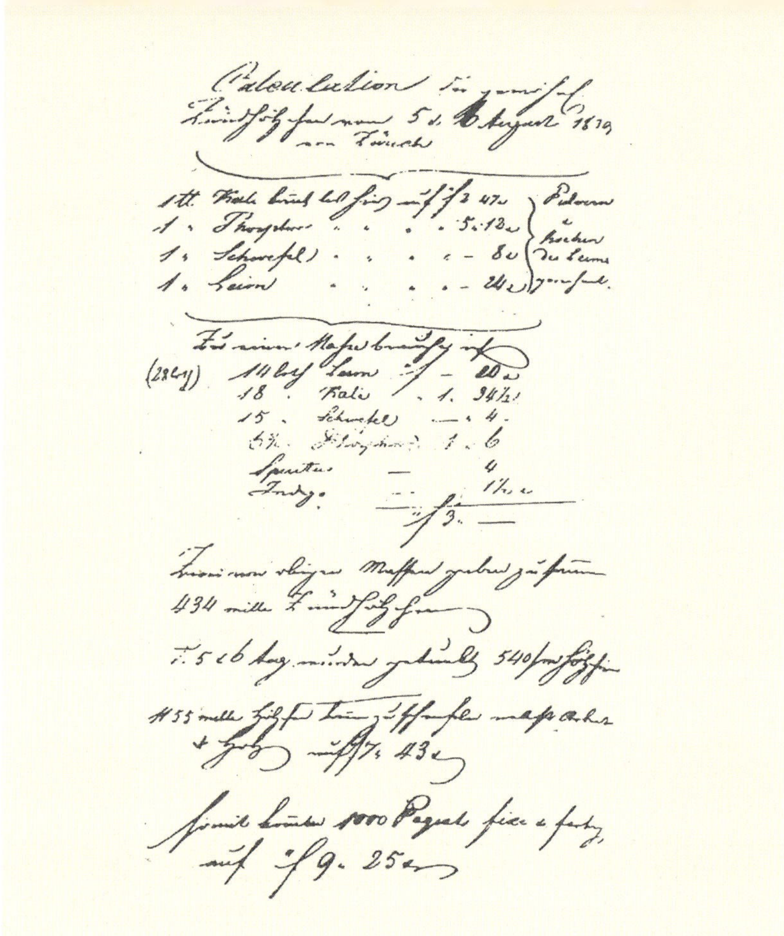

der, nach seiner Rückkehr aus der Schweiz die Produktion der Zündhölzer in seiner Heimatstadt verboten. Kammerer versank gedemütigt in Schwermut, lebte eine Zeit lang in einer Irrenanstalt und starb 1857 in Ludwigsburg an einer Lungenentzündung. Seine Erfindung, die das Leben vieler Menschen erhellte und manch Licht ins Dunkel brachte, wird seither immer wieder in Frage gestellt. Der Streit um die Ehre und die Urheberschaft, wer nun das Streichholz erfunden hat, dauert an.

Eine Büste mit Blick auf sein Geburtshaus und das eigens verfasste Mundartstück »d'r Zondelfrieder« sowie die nach ihm benannte Schule in Ehningen erinnern ebenso wie große Veröffentlichungen und das Märchen von Hans Christian Andersen vom »Kleinen Mädchen mit den Schwefelhölzern« an Jakob Friedrich Kammerer. Die Stadt Ludwigsburg gedenkt Kammerers mit einer Tafel an seinem ehemaligen Wohnhaus sowie der »Kammererstraße«.

Sobald der Herbst übers Land zieht und die reifen Trauben an den Reben hängen, sind die Begriffe Mostwaage und Oechslegrade in vieler Munde. Verantwortlich für die Maßeinheit des Zuckergehalts der Weintrauben ist der im Schwarzwald geborene Christian Ferdinand Oechsle. Der erkannte seinerzeit: »Wenn man den Zuckergehalt des Mostes messen könnte, müsste es möglich sein, die Entwicklung des anzubauenden Weines besser vorauszusehen.«

Christian Ferdinand Oechsle war ein Tüftler und Schaffer, dessen unendlicher Drang zum Wissen und Erfinden den Menschen Handelsgüter wie Brücken- und Präzisionswaagen, die Messmethode nach Oechslegraden aber auch Musikinstrumente und Thermometer sowie manch »Kabinettstückle« näher brachte. Am 26. Dezember 1774 in Baiersbronn-Buhlbach im württembergischen Schwarzwald geboren, blickte der Bub Christian Ferdinand schon früh seinem Vater Israel über die Schulter. Dieser experimentierte auf der Glashütte Buhlbach in langen Versuchsreihen an einem vergessenen Herstellungsverfahren für Kupferrubinglas und entdeckte es wieder. Die Familie lebte seinerzeit in der Glashütte, die mit ihrer eigenen Infrastruktur, den Werkstätten, der Schmelzhütte und den Arbeiterwohnhäusern an ein kleines Dorf erinnert.

Wegen seiner Begabungen absolvierte Christian Ferdinand Oechsle, der Erstgeborene der Familie, in Öhringen eine Ausbildung zum Goldschmied und kam als 20-jähriger württembergischer Ausländer ins badische Pforzheim. Zunächst arbeitete er in einer Goldwarenfabrik als

Christian Ferdinand Oechsle, Goldschmied, Mechanicus und vielseitiger Erfinder, wurde in Baiersbronn im Schwarzwald geboren.

Kabinettmeister. Nach zehn Jahren erwarb er einen großen Garten, errichtete dort eine Werkstatt und fertigte als Mechanicus verschiedene Waagen. Die Kundschaft war zufrieden. Die Werkstatt hatte bald einen guten Ruf und stand für Qualität und Zuverlässigkeit. Oechsle hatte den Blick fürs Wesentliche, das Unkomplizierte, das Praktische und befasste sich intensiver mit der bereits erfundenen Mostwaage, einer Senkwaage. Oechsles Verdienst ist die Gradeinteilung in 10er-Schritten auf den Spindeln der handlichen Mostwaagen, denen er selbstbewusst seinen Namen gab. Er nutzte dabei die Erkenntnis, dass Zucker schwerer als Wasser ist, und erklärte 1836 in einer Schrift, wie die Most- und Weinwaage mit der Messskala nach Oechsle zu gebrauchen ist. Zudem erläuterte er, was einen feinen Rebensaft ausmacht: »Ein guter Wein muss wenigstens 75 Grade haben.« Um das Gewicht des Mostes zu messen, brauchte es ein Glas frischen Most, »der eben vom Tretzuber kommt.« Hier tauchte man die Waage ein und wartete, wo sie stehenblieb. »Wenn sie nicht mehr spielt, drücke man sie mit dem Finger einige Grade hinunter, und stellt sie sich nun wieder auf den natürlichen Grad, so kann man diesen als das richtige Gewicht des Mostes annehmen«, schrieb er weiter. Schwamm die Waage zum Vergleich in einem Glas Wasser, zeigte sie die Marke Null. Dies erklärt sich dadurch, dass in Wasser gelöster Zucker dichter ist als reines Wasser und die Waage deshalb »höher« in Most

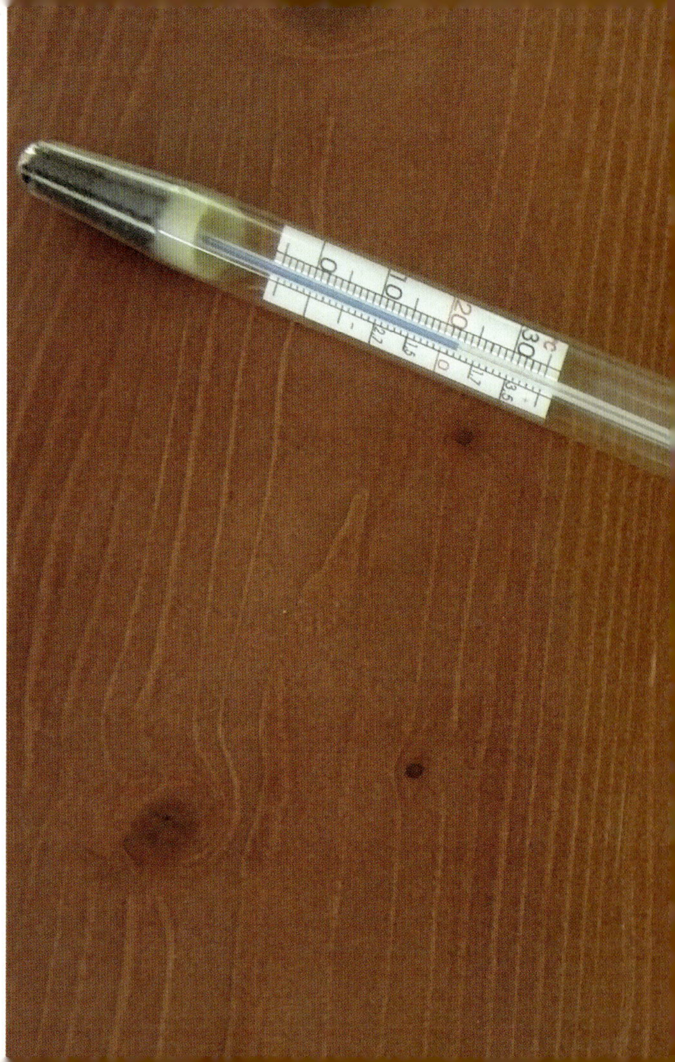

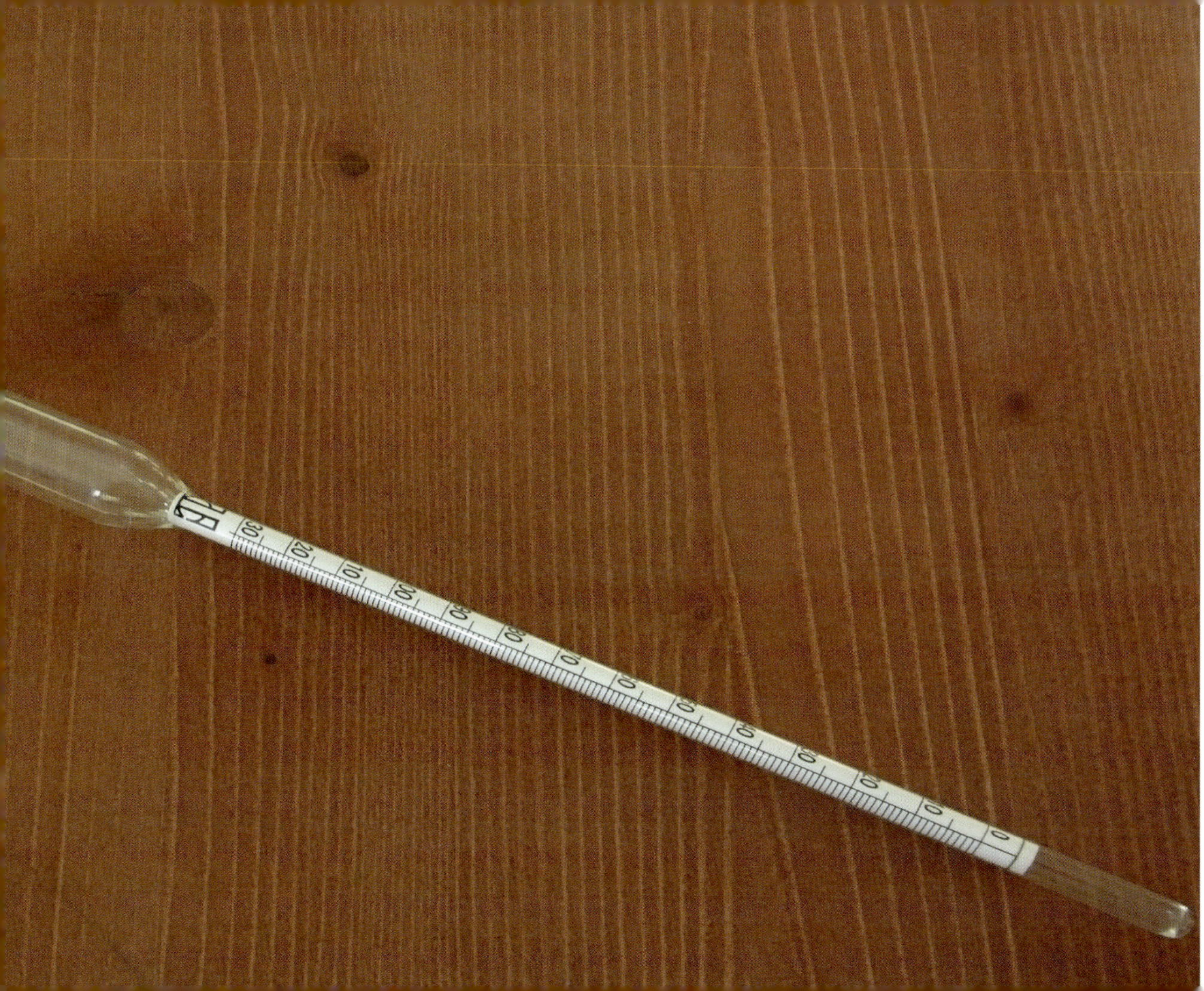

Oechsles Verdienst ist die Gradeinteilung in 10er-Schritten auf den Spindeln der Mostwaagen. Ihnen gab er seinen Namen, die Oechslegrade (° Oe).

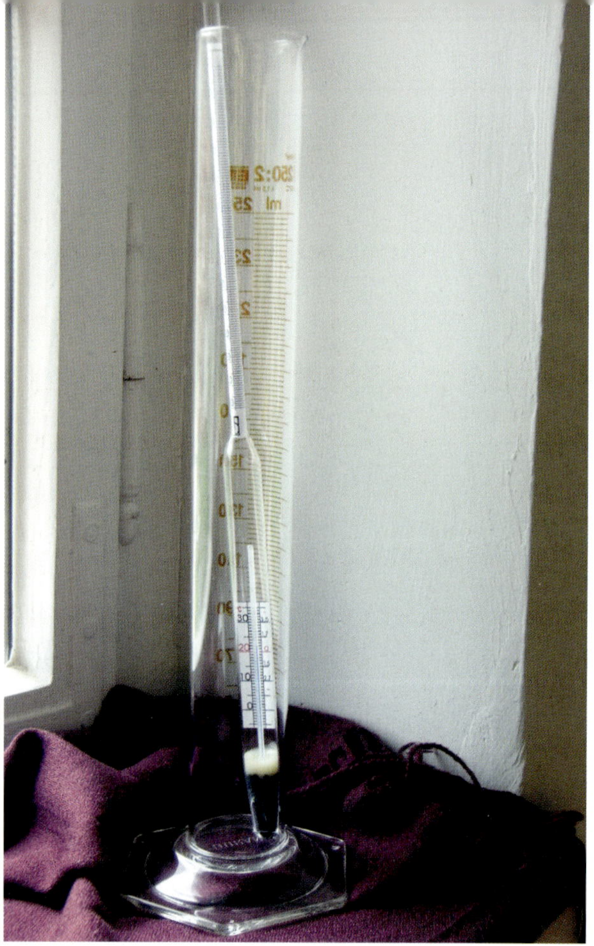

Oechsles handliche Mostwaage, eine Senkwaage, kann den Zuckergehalt des Mostes messen und vorhersagen, ob es ein guter Wein wird.

schwimmt als in Wasser. Nun mussten die Nutzer nur noch die Zahlen auf der schwimmenden Skala ablesen, die die Oechslegrade und damit den Zuckergehalt angaben, und konnten ahnen, welcher Tropfen mit welchem Alkoholgehalt sie aus dem Fass erwartete. Die Mostwaage von »vierzehnlöthigem Silber nebst Etui«, die Oechsle in größeren Mengen und Serie produzierte, verkaufte er für sieben Gulden das Stück. Doch damit nicht genug: Stets mit neuen Ideen behaftet, umfasste der Katalog seiner Produkte über 500 Artikel. Darunter die Goldlegierungswaage, die er 1838 erfand, die Rechenmaschine für Bijouteriefabrikanten von 1840 sowie einen Wecker, der zugleich Licht anzündete oder ein Uhrwerk zum Aufziehen mit Spieldose. Und was er nicht im Angebot hatte, fertigte er individuell an. Christian Ferdinand Oechsle betrieb darüber hinaus die erste Spiritusbrennerei und war als großherzoglicher Goldkontrolleur im Amt. Am 17. März 1852 verstarb der schaffensfreudige und vielseitige Erfinder in Pforzheim.

Heute prüfen die Weinbauern den Zuckergehalt ihrer Trauben mit dem Refraktometer und nur einem Tropfen Traubensaft. Das Ergebnis geben sie in Deutschland, der Schweiz und in Luxemburg noch immer in Oechsle an. Seit vielen Jahren feiern die Pforzheimer zu Ehren von Christian Ferdinand Oechsle, dem Namensgeber der Wein- und Mostwaage und langjährigen Bürger ihrer Stadt, das »Oechsle-Fest«.

Aus Wasserstoff und Sauerstoff elektrische Energie zu erzeugen, ist eine bestechend einfache Idee. Eine Idee, die tatsächlich funktioniert. Beide chemischen Elemente stehen auf der Erde schier unbegrenzt zur Verfügung, und als Emission der Elektrizitätsgewinnung entsteht – Wasser.

Den Namen des Aggregats, in welchem die Energie entsteht, kennt praktisch jeder – es ist die Brennstoffzelle. Das Besondere und besonders Effiziente an der Energieerzeugung in einer Brennstoffzelle ist, dass sie ohne den Umweg einer Verbrennung funktioniert. Möchte man aus Holz Wärme gewinnen, ist klar: Man entzündet es. Bei einem Verbrennungsmotor ist der Fall schon komplizierter: Man verbrennt Benzin oder Diesel, um Antriebsenergie zu erzeugen. Außer in den Antrieb wird jedoch ein großer Teil der Energie, die im Treibstoff enthalten ist, in Wärme umgewandelt – diese verpufft weitgehend nutzlos, außer im Winter, wenn sie den Innenraum des Wagens heizt. Um das Verhältnis zwischen potenziellem Energiegehalt und tatsächlich erreichtem Zweck auszudrücken, spricht man vom Wirkungsgrad – eine Brennstoffzelle hat einen viel größeren Wirkungsgrad als ein Verbrennungsmotor, weil die chemische Energie direkt in elektrische Energie gewandelt wird, ohne dass die Abwärme einer

Der in Metzingen geborene Christian Friedrich Schönbein war Professor für Chemie in Basel.

F-CELL
BlueEFFICIENCY

Verbrennung abgezogen werden muss. Der Unterschied zwischen einer Brennstoffzelle und einem Akku oder einer Batterie besteht darin, dass der Brennstoffzelle kontinuierlich aus einem Tank ein Energieträger – in der Regel Wasserstoff – zugeführt wird, um die chemische Reaktion der Energieerzeugung aufrechtzuerhalten. Akkus und Batterien speichern lediglich eine fixe Energiemenge – ist diese Energie abgegeben, sind sie leer.

Erfunden – oder besser entdeckt – hat die Brennstoffzelle ein gebürtiger Metzinger, der in Basel Universitätsprofessor für Chemie war und der während einer Kur im Schwarzwald verstarb. Die Entdeckung der Brennstoffzelle gelang Christian Friedrich Schönbein 1838 an der Universität Basel, doch da die Stadt in der Schweiz nur einen Steinwurf von der Grenze entfernt liegt, schlagen wir diese Erfindung leichthin Baden-Württemberg zu. Schönbein wurde 1799 als Sohn einer pietistischen Familie in Metzingen am Fuß der Schwäbischen Alb geboren. Sein Vater betrieb unter anderem eine Postagentur. Nach der Schule wurde Christian Friedrich Schönbein im Alter von 13 Jahren Lehrling in einer pharmazeutischen Fabrik in Böblingen. Kaum 20-jährig, war er bereits Direktor eines chemischen Werks, ohne je studiert zu haben. Das holte er ab 1820 nach, studierte Chemie in Erlangen und Paris, war zwischenzeitlich auch in England. 1828 wurde er außerordentlicher Professor an der Universität Basel, 1829 Ehrendoktor. 1835 ernannte ihn die Universität schließ-

Schöne neue Welt: Aus regenerativen Quellen erzeugte Energie stellt Wasserstoff her. Als Emission eines Brennstoffzellenautos fällt lediglich Wasserdampf an.

Man sieht es auf den ersten Blick: Eine Brennstoffzelle als Fahrzeugantrieb ist eine technisch komplizierte Sache.

lich zum ordentlichen Professor für Chemie. Er beschäftigte sich unter anderem mit galvanischen Prozessen und entdeckte dabei 1838 das Prinzip der Brennstoffzelle: In Experimenten umspülte er zwei Platindrähte, die sich in einem Salzsäurebad befanden, mit Wasserstoff beziehungsweise mit Sauerstoff. In beiden Fällen ließ sich zwischen den Drähten eine elektrische Spannung feststellen. Ein Jahr später entdeckte Schönbein übrigens auch das Ozon, jenes Molekül, das aus drei Sauerstoffatomen besteht. Der angesehene Basler Bürger, der eine Stuttgarterin geheiratet hatte, starb 1868 während eines Kuraufenthalts in Baden-Baden.

Der Literat und Technikvisionär Jules Verne schrieb 1870 über die Brennstoffzelle, Wasser sei die Kohle der Zukunft. Das durch elektrischen Strom zerlegte Wasser sei die Energie von morgen. Doch es sollte noch knapp 100 Jahre dauern, bis erste Brennstoffzellen zur produktiven Anwendung kamen. Die *NASA* erzeugte in den Raumkapseln der Apollo-Mondmissionen den benötigten Strom aus Brennstoffzellen. Aktuell werden vielerorts kleine Blockheizkraftwerke auf der Basis dieses Prinzips betrieben. Für die Autoindustrie wären Brennstoffzellenantriebe die ideale Alternative zum Verbrennungsmotor – weil viel effektiver und völlig emissionsfrei. *Daimler* etwa forscht seit vielen Jahren intensiv und hat etliche Forschungs- und Erprobungsfahrzeuge in Betrieb. Einem Boom des genial einfachen Prinzips stehen zwei Faktoren im Weg: Wasserstoff muss zur Nutzbarmachung erst unter hohem Energieeinsatz aus Wasser hergestellt werden – hier könnte die Sonne als Energielieferant dienen. Vor allem ist Wasserstoff ein sehr explosives Gas, dessen Transport, Vertrieb und sichere Anwendung noch einige Vorarbeit benötigen wird. Nicht umsonst schrieb ein Chemikerkollege 1839 über Schönbein, er habe das »batterisierte Knallgas« entdeckt.

Kuckuck, Kuckuck – ruft's nicht nur aus dem Wald. Der Zweiklang tönt traditionell auch aus mehr oder minder geschmackvollen Wanduhren. Die Schwarzwälder Kuckucksuhr gilt als das beliebteste Deutschland-Souvenir für Touristen aus dem Ausland überhaupt und wird nicht nur im Schwarzwald verkauft. Wann sie in ihrer heutigen Form erfunden worden ist, lässt sich ziemlich genau datieren: ins Jahr 1850.

Auch vorher schon sind im Schwarzwald – in kleinen Stückzahlen – Kuckucksuhren gefertigt worden. Und entgegen oft geäußerter Meinung ist die Kuckucksuhr keine Schwarzwälder Erfindung. Um 1650 bereits gab es in Europa mechanische Musikautomaten, die unter anderem auch den Kuckuck mittels zweier Orgelpfeifen zum Tönen brachten. Der Schritt, diese Mechanik mit einem Uhrwerk zu verbinden, war nicht mehr groß, und so dürfte es in den Kuriositätenkabinetten adeliger Herrschaften bald auch erste speziell angefertigte Kuckucksuhren gegeben haben. Doch das Charakteristikum der Uhren aus dem Schwarzwald war seit Entstehen der ersten Manufakturen ein ganz anderes: Sie waren preiswerte Produkte für breite Schichten.

So wie das Pendel einer Wanduhr hin- und hergeht, so bewegt ist auch die Geschichte der Uhren aus dem Schwarzwald. Auf Höhenflüge folgten Rückschläge, und so war auch die Entstehung der heutigen Schwarzwälder Kuckucksuhr die Reaktion auf eine Krise. Der Bau von Uhren hatte im Schwarzwald als Winterbeschäftigung für die Bauernfamilien begonnen. Aus der Handarbeit waren erste Manufakturen entstanden, die ihre Uhren über wandernde Händler, die sogenann-

Um 1900 waren die Kuckucksuhren reichlich mit Walddekor bestückt.

Die erste »Bahnhäusle«-Uhr von 1850 war von geometrischer Architektur und hübsch dekoriert.

ten Uhrenträger, absetzten. Um den Bau der ersten Kuckucksuhren bei Schwarzwälder Handwerkern ranken sich im Wesentlichen zwei Legenden: Die eine verlegt den Ort des Geschehens nach Schönwald, wo kurz nach 1730 der Uhrmacher Franz Anton Ketterer oder sein Vater Franz Ketterer eine Uhr, »welche mit dem Guguk-Ruf die Stunde ankündigte«, gebaut haben soll. Laut der anderen haben zwei Schwarzwälder Uhrenträger etwa zur selben Zeit bei einem Kollegen aus Böhmen Kuckucksuhren gesehen und brachten die Idee mit zurück in die Heimat, wo man rasch begann, sie umzusetzen. Fakt ist jedenfalls, dass das Schwarzwälder Uhrenhandwerk ab 1750 zu blühen begann. Durch technische Weiterentwicklung und Arbeitsteilung vereinfachte man die Herstellung so, dass die Schwarzwälder Produkte bis zum Ende des 19. Jahrhunderts die billigsten Wanduhren weltweit blieben und auch einfache Leute sich eine Uhr leisten konnten. Um 1840 existierten im Schwarzwald 1000 Werkstätten, die jährlich etwa 500 000 Uhren bauten – das war etwa ein Drittel der weltweiten Produktion. Kuckucksuhren machten daran nur einen geringen Anteil aus, denn sie zählten zu den teureren Produkten.

Nach 1840 wurden dann aber in den USA große Uhrenfabriken gegründet, die in Preis und Qualität den handwerklich hergestellten Schwarzwälder Uhren rasend schnell den Rang abliefen. Die Krise rief den badischen Staat auf den Plan, der 1850 – zur Verbesserung der Qualität der heimischen Produkte – in Furtwangen die erste deutsche Uhrmacherschule eröffnete. Noch im selben Jahr rief deren Direktor Robert Gerwig einen Wettbewerb aus: Künstler und Gestalter sollten Entwürfe für Uhrengehäuse und -tafeln einreichen, um den kleingewerblich hergestellten Produkten ein professionelleres Aussehen zu geben. Aus diesem Wettbewerb ging der Architekt Friedrich Eisenlohr siegreich hervor – er ist der Vater der heutigen Schwarzwälder Kuckucksuhr. Friedrich Eisenlohr, 1805 in Lörrach geboren, 1854 in Karlsruhe gestorben, war vor allem Architekt für Eisenbahnbauten. So hatte er die repräsentativen Bahnhöfe fast aller badischen Großstädte, von Freiburg bis hinauf nach Mannheim, entworfen. Und er hatte Modellpläne für 300 Bahnwärterhäuser an der Badischen Hauptbahn gezeichnet. Und genau so ein Bahnwärterhäuschen stand mit seiner schmalen Front und seinem Satteldach Pate für seinen Entwurf einer modernen Schwarzwalduhr. Wirklich: Sein Entwurf war modern, denn die noch junge Eisenbahn war 1850 der Inbegriff des technischen Fortschritts. Ganz nebenbei war Eisenlohrs Entwurf auch in seiner symmetrischen, zurückhaltenden Ornamentik wirklich schick, noch ganz ohne den späteren Dekor-Schwulst, der die Schwarzwälder Kuckucksuhr spätestens in den 1920er-Jahren schon wieder zu einem Symbol schlechten Geschmacks machte. Eisenlohrs »Bahnhäusle«-Kuckucksuhr hat die Schwarzwälder Uhrenmanufakturen tatsächlich über Jahrzehnte hinweg wieder konkurrenzfähig gemacht, wobei sein streng grafischer Stil bereits ab 1860 verlassen und um immer aufwendigere Schnitzereien von Reb- und Eichenlaub sowie Waldtieren ergänzt wurde. Um 1900 stieg sogar Junghans, damals die größte Uhrenfabrik der Welt, ins Geschäft mit Kuckucksuhren ein. Sie waren, lange bevor der Schwarzwaldtourismus überhaupt begann, ein weltweiter Exportschlager und wurden schon vor der Wende zum 20. Jahrhundert in alle Kontinente geliefert.

Bis zum heutigen Tag oszilliert die Schwarzwälder Kuckucksuhr zwischen dem Ruch schlechten Geschmacks und heimlicher Faszination, zwischen billiger Massenware und einem im Ausland ungebrochen beliebten Souvenir. Die Uhren werden, in bescheideneren Stückzahlen als einst und wie damals im kleingewerblichen Rahmen, mit einem lokalen Schwerpunkt im Dreieck Schonach – Schönwald – Triberg weiterhin hergestellt. »Original Schwarzwälder Kuckucksuhr« ist mittlerweile eine geschützte regionale Qualitätsbezeichnung für Produkte, deren Bauteile überwiegend aus dem Schwarzwald stammen.

Es gibt kreative junge Leute, die virtuos mit dem ambivalenten Image der Kuckucksuhr spielen. Steffen Bittmann und Merlin Becker haben sich in Gaggenau die »Original Schwarzwälder Pappuhr« ausgedacht, die aus gedrucktem Karton in bunten Farben besteht und über das Internet vertrieben wird. Die Pappuhren mit Uhrwerken aus dem Schwarzwald werden wie ihre historischen Vorbilder im Familienbetrieb zusammengesetzt und in alle Welt verschickt.

Die »Original Schwarzwälder Pappuhren« sind eine neue Interpretation des alten Themas Kuckucksuhr.

Deutsches Uhrenmuseum Furtwangen
Robert-Gerwig-Platz 1,
78120 Furtwangen,
Telefon (0 77 23) 9 20 28 00,
www.deutsches-uhrenmuseum.de

1872 | Fahrbare Feuerwehrleiter

Die Leiter gehört zur Feuerwehr wie Blaulicht und Martinshorn. Leitern benutzten die Feuerwehren auch schon vor der Zeit von Conrad Dietrich Magirus. Doch seine Erfindung der fahrbaren Feuerwehrleiter war der erste Schritt auf dem Weg zu heutigen Feuerwehrfahrzeugen. Seit dieser ersten Erfindung brachte das Ulmer Unternehmen Magirus die Feuerwehrtechnik immer wieder voran.

Das Feuerwehrwesen muss dem 1824 in Ulm geborenen Conrad Dietrich Magirus im Blut gesteckt haben. In die Wiege gelegt wurde es ihm jedenfalls nicht, denn er war dazu ausersehen, das väterliche Kaufhaus zu übernehmen und bekam dazu eine kaufmännische Ausbildung. Brände wurden vor 1850 in der Regel von sich einfindenden oder dazu verpflichteten Freiwilligen ohne nennenswerte Organisation oder Qualifikation bekämpft. In den 1840er-Jahren gründeten sich dann in Deutschland aus Turnerkreisen erste freiwillige Feuerwehren – die Turner waren körperlich fit, übten gemeinsam und hatten Gemeinsinn – gute Voraussetzungen also für diese gemeinnützige Aufgabe. Von einem Auslandsaufenthalt im Rahmen seiner Ausbildung zurückgekehrt, gründete Magirus 1847 mit anderen jungen Männern auch in Ulm eine »Turngemeinde«, wurde zu deren Vorsitzendem gewählt und richtete noch im selben Jahr einen Feuerwehrtrupp ein, den er »Steigerkompagnie« nannte.

Weil er vielerorts feststellte, dass das vorhandene Feuerwehrgerät unbrauchbar war, schrieb er 1850 ein Lehrbuch mit dem Titel »Alle Teile des Feuerlöschwesens« mit vielen Abbildungen. 1853 lud er die zehn

Der *Super Dragon 2* ist ein modernes Flugfeld-Löschfahrzeug von *Iveco Magirus.*

bis dahin gegründeten Württemberger Feuerwehren zur ersten Feuerwehrtagung in Deutschland ein. Im selben Jahr wurde er Kommandant der Ulmer Feuerwehr. Nur konsequent, dass ihm auch beruflich das vom Vater übernommene Handelsgeschäft bald nicht mehr genügte. Von 1864 an ließ er in einer eigenen Werkstätte Feuerwehrausrüstung herstellen, 1867 nahm das Werk Magirus den Bau von Leitern auf. Dies waren zunächst tragbare Steck- und Schiebeleitern, deren Funktion und Sicherheit man verbesserte. Damit Leitern und Feuerwehrmänner schneller an den Einsatzort kommen konnten, erfand Conrad Dietrich Magirus die fahrbare Leiter. Sie ist der Urahn aller heutigen Feuerwehrfahrzeuge mit Drehleitern oder Teleskopmasten.

Die so genannte Ulmer Leiter von 1872 war ein Fahrzeug mit einer Achse, das von der Bedienungsmannschaft gezogen und geschoben wurde. Die Leiter war eine Schiebleiter mit bis zu 14 Meter Steighöhe, die sich in ausgefahrenem Zustand mittels zweier Stangen auf der Achse des Wagens abstützte. Da sie nur zwei Räder und eine Deichsel hatte, war sie am Einsatzort leicht beweglich. Das Magirus-Modell wurde von vielen Feuerwehren angeschafft, war aber etwas mühsam aufzustellen. In rascher Folge entwickelte Magirus immer neue fahrbare Leitern, die immer höher, breiter, sicherer und besser bedienbar waren. Ab 1884 wurden vierrädrige Leitern mit starrem Stützendreieck sowie drei und mehr Schiebleitersegmenten angeboten, um die Baulänge kompakt zu halten. So wurden rasch Steighö-

Der Feuerwehr-Vordenker Conrad Dietrich Magirus.

Die sogenannte Ulmer Leiter, die erste fahrbare Feuerwehrleiter der Welt.

hen von 20 Metern und mehr erreicht. Da Magirus Feuerwehrmann durch und durch war, wusste er auch um die Knappheit der Mittel bei den Feuerwehren. Er versuchte, seine bewährten Bauarten durch Veränderungen im Detail zunehmend billiger anbieten zu können. Noch bis in die 1930er-Jahre hinein hat Magirus für kleine Feuerwehren die relativ einfachen, handbetriebenen Zweiradleitern angeboten.

Technologisch war die Entwicklung währenddessen in Richtung Drehleiter vorangeschritten. Die Drehleiter hat Magirus zwar nicht erfunden, sie aber aufgrund der Erfahrung im Leiterbau erst praktikabel gemacht. 1892 bot man die erste vierrädrige, von Pferden gezogene Drehleiter an, mit der man Höhen von annähernd 30 Meter erklimmen konnte. Je länger die Leitern und je aufwendiger die Konstruktionen wurden, desto beschwerlicher und langwieriger wurde allerdings das Ausfahren der Leiter mit Muskelkraft. Nach ersten Versuchen mit Kohlensäure-Druckzylindern ging man auch bei *Magirus* zum Dampfbetrieb über, der sich bei den Feuerspritzen – also Fahrzeugen, die den Wasserdruck zum Löschen erzeugten – durchgesetzt hatte. *Magirus* war 1904 der erste Hersteller, der eine Drehleiter baute, bei welcher die Dampfmaschine den Fahrzeugantrieb sowie das Aufrichten und Ausfahren der Leiter besorgte – das erste moderne Drehleiterfahrzeug der Welt. Die Dampfära blieb indes eine Episode, ebenso die Elektromobilität: 1907 baute man ein Fahrzeug mit Radnabenmotoren und akkubetriebener Leiter. Am Ende setzte sich der Verbrennungsmotor durch – *Magirus* lieferte eine erste benzinbetriebene Drehleiter im Jahr 1906 aus.

Das heutige Unternehmen *Iveco Magirus Brandschutztechnik* bietet das komplette Spektrum an Fahrzeugen und Technik für Feuerwehren an – von der Pumpe über die 60-Meter-Drehleiter bis hin zum vierachsigen Flugfeld-Löschfahrzeug *Super Dragon*.

Wer sich im 19. Jahrhundert nach Operationen oder Verletzungen der darauf folgenden schmerzhaften Wundbehandlung unterziehen musste, brauchte nicht nur Geduld und Glück, sondern litt im schlimmsten Fall auch noch an Wundbrand und musste häufige Verbandwechsel über sich ergehen lassen. Die Leiden erfuhren erst Linderung, als sich drei Visionäre der seinerzeit verwendeten Verbandstoffe annahmen, die weder antiseptisch noch besonders saugfähig waren, und die Materialien zum Wohle der Patienten entscheidend verbesserten.

Paul Hartmann (1812–1884) war ein Teil des visionären Trios. Er produzierte in seiner Heidenheimer *Verbandstofffabrik Paul Hartmann* ab 1873 Verbandwatte und seit 1874 auch antiseptische Wundverbände. Die Watte war bei den Ärzten anfangs nicht immer das Verbandmittel der ersten Wahl gewesen. Denn die Rohbaumwolle wies eine natürliche Wachs-Pektin-Schicht auf, die einerseits Wasser abweisend war und überdies mit ihren feinen Fasern zum Festkleben in den nässenden und eiternden Wunden neigte. Stand ein Verbandwechsel an, riss der neu gebildete, feine Wundschorf gleich mit ab.

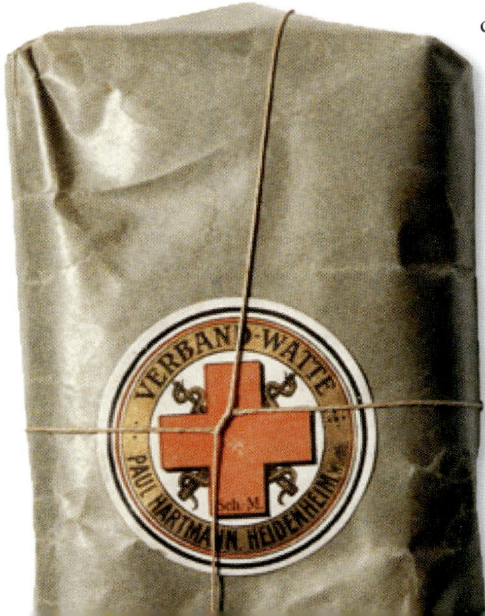

Lister'sche Carbolgaze.

Der Tübinger Chirurgieprofessor Victor von Bruns (1812 bis 1883) arbeitete bei seinen Verbänden daher zunächst mit einem Stückchen Gaze, einem Netz, das er als Zwischenlage über die Wundfläche legte, um das Verkleben zu minimieren. Anfang der 1860er-Jahre gelang es ihm, Baumwolle zu entfetten, indem er sie in Sodawasser

Paul Hartmann, Victor von Bruns und Sir Joseph Lister (von links nach rechts): Dieses Dreigestirn ebnete den Weg für moderne Verbandstoffe.

kochte. Paul Hartmann übernahm fortan die Produktion der fettfreien, »hygienisch einwandfreien« Watte, die nun problemlos Wundsekrete und Wasser aufnehmen konnte.

Etwa zeitgleich zerbrach sich auch der britische Mediziner Sir Josef Lister (1827–1912) den Kopf über schlecht heilende Wunden. Er kam zur Erkenntnis, dass für die verschiedenen Komplikationen und das schlechte Abheilen Erreger verantwortlich sein müssen. Um diese krank machenden Keime von den Wunden fernzuhalten oder abzutöten, suchte er nach einer chemischen Substanz, die er im Desinfektionsmittel Karbolsäure fand. Er benetzte und imprägnierte Verbandstoffe mit der Säure und schuf damit den »antiseptischen Verband«, einen Verband, der Keime reduzierte und die Wundheilung damit entscheidend verbesserte.

Nun war wieder der Unternehmer Paul Hartmann mit seiner Verbandstofffabrik gefragt. Denn Sir Josef Lister war an der kostengünstigen Herstellung von Carbolgaze gelegen, und Paul Hartmann war in der Lage, durch modernste Methoden und Maschinen diese in großen Mengen industriell herzustellen. Durch die Vernetzung und Kooperation der Herren, den Mut zu experimentieren und neue Wege zu gehen, schlug das Trio bei der Entwicklung und industriellen Produktion von Verbandstoffen einen neuen Weg ein. Sehr zum Wohle der Patienten übrigens, die am meisten davon profitierten.

Bereits 1883 ließ Paul Hartmann ein rotes Kreuz auf weißem Grund, versehen mit Äskulapstäben, als Schutzmarke eintragen. Die Marke *Hartmann* war geboren und ist seitdem mit einem breiten Sortiment vom Pflaster über Verbandmull bis hin zum Operationsbesteck auf dem weltweiten Markt präsent.

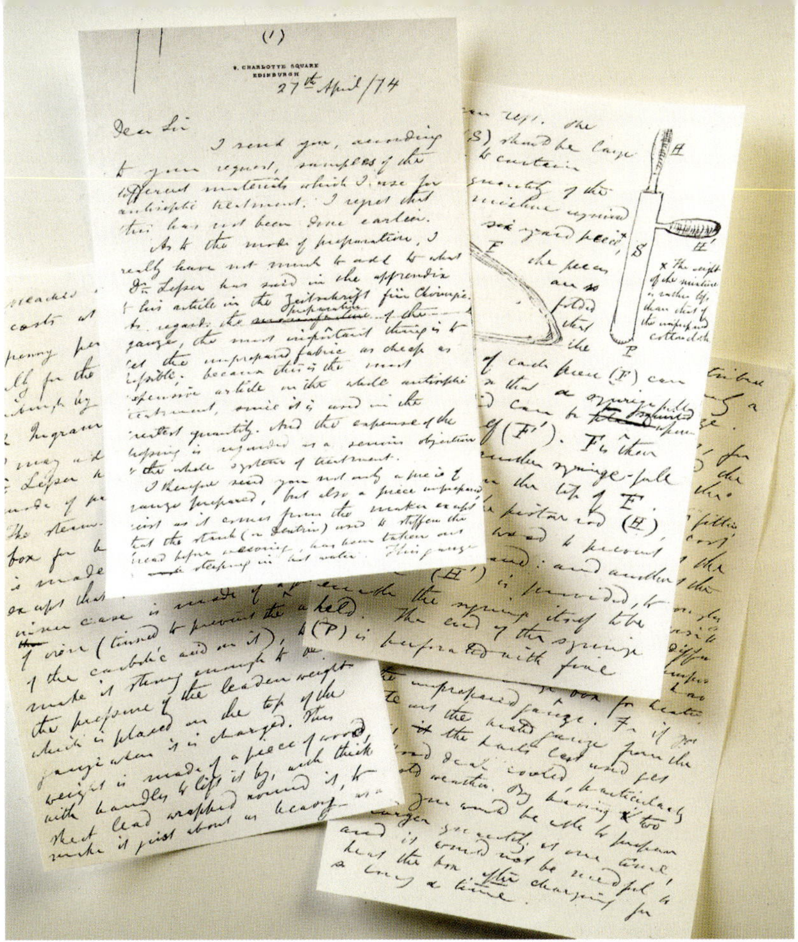
(1)

9, Charlotte Square
Edinburgh
27th April/74

Dear Sir

I send you, according to your request, samples of the different materials which I use for antiseptic treatment. I regret that this has not been done earlier.

As to the mode of preparation, I really have not much to add to what Dr. Lesser has said in the appendix to his article in the Zeitschrift für Chirurgie. As regards the preparation of the gauze, the most important thing is to get the unprepared fabric as cheap as possible, because this is the most expensive article in the whole antiseptic treatment, since it is used in the greatest quantity. And the expense of the dressing is regarded as a serious objection to the whole system of treatment.

I therefore send you not only a piece of gauze prepared, but also a piece unprepared just as it comes from the maker except that the starch (or dextrin) used to stiffen the [illegible] has been taken out [illegible] steeping in hot water. This gauze [illegible]

Aufzeichnungen von Joseph Lister zur Anfertigung der Carbolgaze.

1886 | *Automobil*

Keine Frage, das Auto ist eine weltbewegende Erfindung. Grenzt es nicht an ein Wunder, dass diese globale Mobilitätsrevolution praktisch zeitgleich in zwei aneinandergrenzenden deutschen Kleinstaaten begonnen hat? In Baden und in Württemberg.

***Patent-Motorwagen* von Carl Benz, 1886.**

Gegenüberliegende Seite: Gottlieb Daimler und seine Motorkutsche.

Es läge nahe, dass die beiden Erfinder sich eventuell rege ausgetauscht haben. Doch das haben sie nicht. Carl Benz und Gottlieb Daimler, die sich nie persönlich kennengelernt haben, wussten voneinander, nahmen einander als Konkurrenten wahr, setzten sich wegen Patentstreitigkeiten sogar vor Gericht auseinander. Auslöser der ersten Gerichtsverhandlungen war aber Nicolaus Otto, der Erfinder des nach ihm benannten Motors mit vier Arbeitstakten. Er verhinderte bis 1886 weitgehend, dass andere Ingenieure den Viertaktmotor benutzen konnten. Daimler hatte von 1872 bis 1882 in Nicolaus Ottos Unternehmen gearbeitet und ließ sich trickreich 1883 einen recht ähnlichen Motor – aber mit weiterentwickelter Zündung – patentieren. Als schließlich von 1886 an jedermann mit dem Otto-Motor arbeiten durfte, war es Carl Benz, der sich gleich am 29. Januar 1886 ein »Fahrzeug mit Gasmotorenbetrieb« patentieren ließ. Allerdings war dieser Wagen nicht wirklich ein Auto, weil er sich auf nur drei großen Rädern, inspiriert von damals gebräuchlichen dreirädrigen Fahrrädern, bewegte. Kein Zufall, denn Benz war begeisterter Radfahrer und ließ sich bei der Konstruktion der Speichenräder vom Velociped, wie man die Dreiräder nannte, anregen.

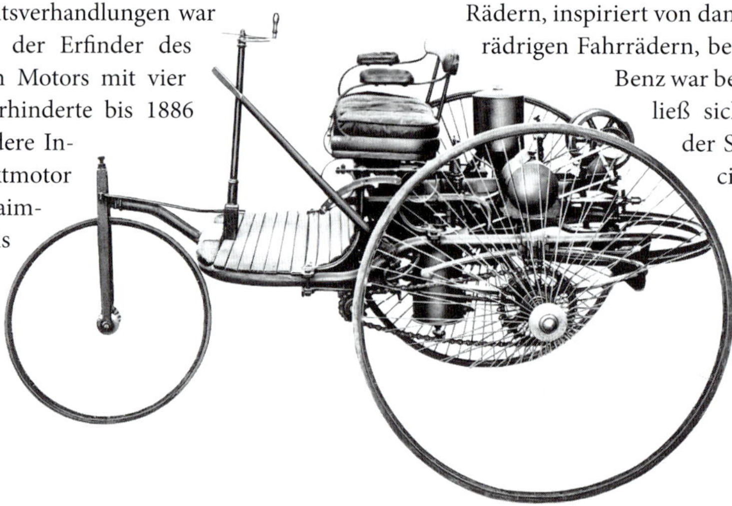

Ein »Fahrzeug mit Gas- bzw. Petroleum-Kraftmaschine« hatte sich auch Gottlieb Daimler exakt fünf Monate zuvor paten-

Gottlieb Daimler lässt sich im Fond seiner Motorkutsche von seinem Sohn Adolf chauffieren.

tieren lassen. Wer auf dem Weg zur Erfindung des Autos »Daimler« sagt, muss im selben Atemzug immer auch »Maybach« sagen: Wilhelm Maybach war im Tüftlergespann Daimler-Maybach der detailversessene Techniker, während Daimler der Kreative war, der die Ideen gebar. Das Fahrzeug, das die beiden Ende August 1885 auf die Räder stellten, war ein hölzernes Zweirad mit Stützrädern – ein Vorläufer des Motorrads. Der später sogenannte *Reitwagen* sollte beweisen, dass sein 60 Kilogramm schwerer Benzinmotor geeignet war, ein Landfahrzeug anzutreiben. Die nächste Runde im badisch-württembergischen Wettstreit um das erste Automobil ging eindeutig an das Team aus Cannstatt: Dort baute man im August 1886 den Daimler-Motor in einen vierrädrigen Wagen ein und nannte das Ganze sehr passend *Motor-Kutsche,* denn das Fahrzeug stammte aus einer Kutschenfabrik. Damit war das vierrädrige Auto mit Vorderachslenkung erfunden – die Vorderachse hatte Benz bei seinen ersten Modellen bewusst vermieden, weil ein einzelnes Rad weniger Aufwand bei der Konstruktion der Lenkung machte.

Bei allen Parallelen lassen sich zwischen den Konzepten beider Erfinder Unterschiede erkennen: Benz' Erfindungsreichtum galt dem Gesamtfahrzeug, das durch einen Verbrennungsmotor angetrieben wurde. Daimler war vor allem am Benzinmotor interessiert, dessen Zukunft er in Automobilen ebenso wie in Booten und Schiffen, Luftschiffen und Flugzeugen sowie Schienenfahrzeugen sah. Beide Erfinder hatten als konkurrierende Technologien die Dampfkraft und die Elektrizität vor Augen – im Vergleich dazu war zu ihrer Zeit der Verbrennungsmotor noch völlig unreif. Zudem forderten die Geldgeber und Aktionäre beider Unternehmen immer wieder, auf Stationärmotoren für den Antrieb von Industrieanlagen zu setzen, statt sich in fruchtlosen Spielereien mit Fahrzeugen zu verlieren.

Carl Benz und Gottlieb Daimler, die beiden Männer, die sich vermutlich nie begegnet sind, auf einem Bild vereint.

Den nächsten Meilenstein auf dem Weg zum heutigen Automobil setzte dann wieder Carl Benz: Sein *Benz Velo,* ein zierliches, vierrädriges Wägelchen für zwei Passagiere, war das erste Motorfahrzeug, das in Serie gebaut wurde: etwa 1200 Stück in den Jahren 1894 bis 1901. Der Motor befand sich zwischen den Hinterrädern und wurde im Lauf der Zeit von 1,5 auf 3,5 PS Leistung gesteigert. Währenddessen wurde bei der 1890 gegründeten *Daimler-Motoren-Gesellschaft* mit Sitz in Cannstatt das moderne Auto in Form gebracht. Der *Phönix-Wagen* von 1897 hatte als erstes Automobil der Welt den Motor vorne. Der *Mercedes 35 PS,* der 1900/1901 entstand, war das erste

Carl Benz in späteren Jahren auf seinem ersten *Patent-Motorwagen* vom Typ I.

Gegenüberliegende Seite: Carl und Bertha Benz auf der Rückbank eines *Benz Victoria* von 1893, dem ersten Auto mit Achsschenkellenkung. Vorne ihre Tochter Klara.

moderne Automobil: Er hatte einen Leichtmetallmotor mit damals phänomenaler Leistung, einen leistungsfähigen Kühler und eine neuartige Gestalt mit niedrigem Schwerpunkt und langem Radstand, was Sicherheit und Komfort erhöhte. Außerdem hatte der *Mercedes* den Namen bekommen, den er bis heute trägt. Der Markenname geht auf die Tochter des österreichischen Versicherungskaufmanns und Diplomaten Emil Jellinek zurück. Jellinek nahm um 1900 fast die gesamte Produktion der Cannstatter ab, um sie in ganz Europa an die Schönen und die Reichen zu verkaufen. Während *Daimler* exklusive Autos baute, bediente *Benz* das ganze Spektrum des noch überschaubaren Marktes: Um 1900 war *Benz* einer der größten Automobilhersteller der Welt und hatte bereits über 2000 Fahrzeuge verkauft.

Kennengelernt haben sich die beiden Autopioniere Benz und Daimler – Carl Benz war Jahrgang 1844, Gottlieb Daimler gut zehn

Jahre älter – nie. Eine letzte Gelegenheit wäre 1897 bei der Gründung des Mitteleuropäischen Motorwagen-Vereins in Berlin gewesen. Da keiner der beiden von einer Begegnung berichtete, sind sie einander vermutlich ausgewichen – sie hatten sich im Vorjahr einen Gerichtsprozess geliefert. Gottlieb Daimler ist knapp 66-jährig im Jahr 1900 gestorben, Carl Benz hat ihn um 29 Jahre überlebt. Damit wurde er auch noch Zeuge der Fusion von *Daimler* und *Benz* im Jahr 1926. Carl Benz dürfte über den Zusammenschluss »seines« Unternehmens – aus dem er sich schon 1903 im Streit zurückgezogen hatte – mit dem Erzrivalen aus Württemberg kaum begeistert gewesen sein.

Mercedes-Benz Museum,
Mercedesstraße 100,
70372 Stuttgart,
Telefon (0711) 1 73 00 00,
www.mercedes-benz-classic.com/museum

Kein Mensch spricht heute vom Einsieden oder gar häuslichen Konservieren von Lebensmitteln, wenn er Obst, Gemüse oder Wurst haltbar ins Glas verfrachten möchte. Das gängige Verfahren heißt schlichtweg »Einwecken« und es ist klar, was damit gemeint ist. Doch welches Prinzip und welche schlauen Köpfe stecken hinter den Gläsern mit der Erdbeere und dem Schriftzug Weck, den roten Dichtgummiringen samt Glasdeckeln und Klammern?

Eines der vielen Weckgläser, die Tulpe. Zur Auswahl stehen aber weit mehr Gefäße aus Glas, um Lebensmittel haltbar zu machen oder gleich darin zu servieren.

Man muss weit zurückblicken, mindestens bis ins Jahr 1880. Der Chemiker Dr. Rudolf Rempel (1859–1893) experimentierte seinerzeit an Gläsern mit geschliffenen Rändern, Gummiringen und Blechdeckeln und entwickelte einen Apparat, der die Gläser während des Kochens verschloss. Er wusste bereits um die Erkenntnis Louis Pasteurs, der 1864 festgestellt hatte, dass durch Erwärmung Mikroorganismen in Lebensmitteln abgetötet werden. Und wem das Leben einmal so unsanft ausgehaucht wurde, der kann auch keinen Verderb, Schimmel oder Fäulnis anrichten – auch nicht im Weckglas. Im Jahr 1892 erhielt Rudolf Rempel das Patent auf seine Erfindung, den »Apparat zum selbstständigen Schließen und Entlüften von Sterilisiergefäßen«. Kurz danach verstarb der Erfinder im Alter von 34 Jahren. Unter seinen Kunden war auch der selbstständige Kaufmann Johann Carl Weck, ein rastloser Gesundheitsapostel und Vegetarier. Weck, am 8. Juli 1841 in Scheidhain im Taunus geboren und 1914 verstorben, gefiel die Idee, Lebensmittel durch ein Vakuum in Gläsern langfristig zu konservieren. Zwei Jahre nach Rempels

Tod kaufte Weck das Patent samt Alleinverkaufsrecht und versuchte das Prinzip bekannt zu machen. Zur Hilfe nahm er sich den Kaufmann Georg van Eyck (1869–1951), einen Experten auf dem Gebiet der Werbung und des Verkaufs. Johann Weck und Georg van Eyck gründeten 1900 die *Firma J. Weck u. Co.* in Öflingen (heute ein Stadtteil von Wehr) im Landkreis Waldshut und starteten gemeinsam im Deutschen Reich und den angrenzenden europäischen Ländern durch.

Mit pfiffigen und heute durchaus üblichen Aktionen überzeugte van Eyck damals nicht nur die Hausfrauen vor Ort rasch von den Vorteilen des Einweckens, sondern auch das Gastgewerbe und die Hotels. Spargel zur Winterzeit war mit dem Einweckprinzip kein Problem und zugleich eine Sensation. Zur Seite stand van Eyck ein Stab von Hauswirtschaftslehrerinnen, die vor Ort eine praktische Anleitung für Gläser, Zubehör und damit für feine, selbst hergestellte Konserven gaben.

Links: Johann Weck kaufte das Patent des verstorbenen Erfinders und machte es zusammen mit Georg van Eyck bekannt.

Rechts: Georg van Eyck war ein Experte auf dem Gebiet der Werbung und des Verkaufs.

»Kochen auf Vorrat« eroberte ab sofort die Küchen. Darüber hinaus füllte das Erzeugnis die Kellerregale zwecks Vorratshaltung für schlechte Zeiten vom Kompott bis zu den sauren Gurken.

Rasch verlor der als unstetig bezeichnete Johann Carl Weck die

Zur Haltbarmachung von Lebensmitteln stehen große Sturz- und Schmuckgläser, Saftflaschen, Zylinder- und Geleegläser parat.

WECK
WECK

»Koche auf Vorrat« – ein zeitgenössisches Werbeplakat. Heute kommt das Einwecken wieder in Mode.

Lust am Einkochen und verließ die Firma bereits 1902, zwei Jahre nach der Gründung. Nicht so van Eyck und schon gar nicht die vielen Haushalte in aller Welt, die die Millionen von Gläsern, die im Umlauf sind, immer wieder aufs Neue mit Leckereien füllen, mittlerweile sogar mit Kuchen. Dazu beigetragen haben nicht nur die verschiedenen ansprechenden Glasformen, sondern auch die neuen, nach innen vertieften Glasdeckel, die seit 1982 samt Patent eine Oxidation durch Restsauerstoff im Glas vermeiden. Der Glasinhalt verfärbt sich oben nicht mehr, die Vitamine bleiben besser erhalten, dazu lassen sich die Gläser gut stapeln. Überhaupt kann den Einweckgläsern so schnell keiner etwas anhaben. Sie haben in gefülltem Zustand sogar Kriege überstanden. Die Firma *Weck* archiviert noch »uralte« Konserven und erfreut sich an deren bis heute verlockendem Äußeren.

Heute ist Einwecken wieder voll im Trend und kein Hexenwerk. Es bedarf lediglich einwandfreier Zutaten, der Lust am Kochen, unbeschädigter Gläser, passender Deckel, Gummiringe und Klammern. Nach dem Kochvorgang im Einkochtopf sitzt der Deckel langfristig fest. Aber leider nur so lange, bis sich ein Genießer ein Glas schnappt und beherzt an der Nase des Gummirings zieht. Nach einem Zischen löst sich der Deckel wie von selbst und der Weg zum Gaumenschmaus, egal ob süß oder salzig, ist innerhalb kürzester Zeit frei.

Er ist praktisch, elegant bis unauffällig und kann gelochtes Papier aufnehmen. Er tritt häufig mit schwarz-weißem Wolkenmarmor-Papierüberzug mitsamt Schutzecken, Kantenschienen und einem Griffloch im Rücken in Erscheinung und ist selten allein: der schier unverwüstliche und zeitlose Leitz-Ordner! Das Besondere an der Erfindung von Louis Leitz anno 1893 ist, dass dank seiner Mechanik jedes Blatt Papier an jeder gewünschten Stelle entnommen und auch wieder eingelegt werden kann.

Hinter der noch heute gebräuchlichen und beliebten Ablagemöglichkeit für Papierberge steckt Louis Leitz, der am 2. Mai 1846 als Johann Ludwig Leitz in Großingersheim auf die Welt kam. Seinen Rufnamen Ludwig änderte der spätere Unternehmer in den französisch klingenden Namen Louis um. Von Beruf war er Drechsler und arbeitete anfangs als Mechaniker in einer Nähmaschinenfabrik,

Das Wolkenmarmormuster verleiht dem *Leitz-Ordner* einen zeitlosen und eleganten Charakter.

die auch Mechaniken für Biblorhapte, die damals üblichen Briefhefter zur Ablage, fertigte. Die Industrialisierung samt damit verbundener Bürokratisierung war unter dem deutschen Kaiser Wilhelm I. in vollem Gange, als Louis Leitz zusammen mit einem Kompagnon in Stuttgart 1871 eine *Mechanische Werkstatt und Fakturabücherei* gründete. Risikobereit, ehrgeizig und voller Tatendrang, überstand Leitz trotz nachlassender Konjunktur, dem

So einfach kann Ordnung sein. Dokumente werden dank der Mechanik entnommen und bequem an anderer Stelle wieder eingelegt.

Gegenüberliegende Seite: Zu jedem Ordner brauchte es einen passenden Locher, denn anfangs waren die Lochabstände noch nicht genormt.

Weggang des Partners und der Gründerkrise 1873 die kritischen Zeiten. Leitz hatte ein Gespür, eine Vision und wusste, dass der Schriftverkehr weiter zunehmen würde und dass hierfür eine moderne Archivier- und Organisationslösung vonnöten war. Er verknüpfte das Prinzip des französischen, starren Briefhalters mit dem amerikanischen Aufspieß-System, ersetzte die Nadeln durch gebogene Röhrchen und konnte so die Briefe zunächst auf die andere Seite umlegen. Es folgten Neukonstruktionen, die neben manchem Fehlschlag auch Fortschritte brachten. 1892 präsentierte Louis Leitz den ersten »Leitz-Registrator auf Holzbrett«. Der große Durchbruch gelang ihm jedoch ein Jahr später mit dem Ordner und der »ersten Hebelmechanik mit Umlegebügel in Gleitführung«. Nach dem Grundsatz »möglichst einfach, billig, aber stabil und den Ansprüchen genügend«, entwickelte er die verzwickte Mechanik weiter. Der *Excenterverschluss* von 1903/04 entspricht der noch heute gängigen Mechanik der *Leitz*-Ordner. 1907/08 erhielt der *Leitz*-Ordner das klassische und bis heute bekannte Erscheinungsbild mit dem reißfesten Papierüberzug. Das Griffloch im Rücken sorgte ab 1911 für eine leichtere Handhabung.

Der Unternehmer Leitz setzte schon früh auf den Vertrieb über »Grossisten und Händler der Papierbranche«. So waren seine Produkte für den Endverbraucher ausschließlich über den geschulten Fachhandel erhält-

„LEITZ"
STARKER
LOCHER
Louis Leitz Feuerbach (Württ.)

Louis Leitz setzte beim Vertrieb auf Groß- und Fachhändler. Endverbraucher bekamen ihre *Leitz*-Ordner ausschließlich im geschulten Fachhandel.

lich. Wer im Besitz eines qualitativ hochwertigen *Leitz*-Ordners war, benötigte übrigens einen dazu passenden Locher. Der erste Plattenlocher aus dem Hause *Leitz* kam bereits 1888 mit 12 Zentimeter Lochabstand auf den Markt, gefolgt vom Handlocher *Phoenix* 1901. Der Aktenlocher für Behörden wies 1904 dazu ein komfortables Ausziehkästchen für Papierabfälle auf. Anfangs war die Sache mit den Löchern und der Ablage gar nicht so einfach. Denn bis zur Jahrhundertwende waren die Produkte nicht genormt. Die Lochabstände variierten je nach Hersteller zwischen zwölf, acht und sieben Zentimetern. Erst 1926 ging der erste Ordner nach DIN-C4-Format mit einer 8-cm-Lochung in Produktion. Der Lochabstand ist seitdem gleich geblieben. Gemäß Leitz' Leitspruch: »Jeder Person, jeder Geschäftsverbindung, jeder Sache eine besondere Mappe«, bewies er auch bei seiner immer umfassender werdenden Produktpalette Weitblick. Er fertigte Einhängeordner, nutzte Farben und verschiedene Materialien. Sein um die Jahrhundertwende produzierter Schnellhefter hatte bereits das heutige Erscheinungsbild. Am 18. Mai 1918 starb der Erfinder Louis Leitz, für den Ordnung fast das ganze Leben bedeutete. Mit seinen Geistesblitzen und seiner Beharrlichkeit setzt er sich postum Tag für Tag viele Denkmale. Sie stehen in Reih und Glied und sorgen vom gedeckten Marmormuster bis zum farbenfrohen Äußeren mannigfaltig für Übersichtlichkeit bei Groß und Klein.

Die erste elektrische Handbohrmaschine, die 1895 aus der Entwicklerwerkstatt der Firma *Fein* auf den Markt kam, sorgte nicht nur für schnelle und präzise Löcher, sondern auch für eine Revolution auf dem Markt der Handwerkzeuge. Heute ist das gezielte Durchlöchern von Wänden, Holz oder Metall kinderleicht. Ambitionierte Handwerker setzen derweil gleich auf mehrere Modelle. Um für den Fall der Fälle gerüstet zu sein, besitzen sie von der zweckmäßigen Handbohrmaschine über die Schlagbohrmaschine bis hin zum Bohrhammer einen fast professionellen Maschinenpark.

Als 1867 Wilhelm Emil Fein, geboren am 16. Januar 1842 in Stuttgart, verstorben am 6. Oktober 1898 in Ludwigsburg, zusammen mit seinem Bruder Carl in Karlsruhe eine Werkstatt für »elektrische und physikalische Apparate« gründete, steckte die Elektrifizierung der Städte noch in den Kinderschuhen. Wer Löcher brauchte, nutzte manuelle Handbohrer und Muskelkraft. 1870 verlegten die Brüder ihre Firma *C. & E. Fein* nach Stuttgart. In den ersten Jahren beinhaltete das Firmenprogramm über 1000 Maschinen und Apparate, darunter Galvanische Batterien, Alarmanlagen

Emil Fein entwickelte die erste elektrisch angetriebene Bohrmaschine.

gegen Einbruch, tragbare Telefonapparate für militärische Zwecke sowie elektrische Beleuchtungsanlagen und medizinische Vorrichtungen. In Sachen Antrieb dominierte zu dieser Zeit noch das dynamoelektrische Prinzip. In den 1880er-Jahren verfügten nur einzelne Fabriken über eine Stromversorgung. Mit dem aufkommenden Wechselstrom war die Verbreitung der Elektrizität im Alltag nicht mehr aufzuhalten.

Die Firma *Fein* erregte gleich mit ihrem ersten elektrisch angetriebenen Produkt, dem tragbaren Handbohrer, weltweites Aufsehen. Im Vorfeld waren der Zufall und

Für weltweites Aufsehen sorgte die erste elektrisch angetriebene Handbohrmaschine aus dem Hause *Fein*. Sie wog 7,5 Kilogramm und hatte einen Bohrdurchmesser von vier Millimetern.

die Kreativität zweier Mitarbeiter an diesem Erfolg nicht ganz unschuldig. Das Mechaniker-Duo von *Fein* sollte viele Löcher von Hand bohren. Während der mühsamen Schufterei kamen die Männer auf eine ebenso geniale wie arbeitserleichternde Idee. Sie setzten kurzerhand das mechanische Bohrfutter auf die Welle eines kleinen Elektromotors und bohrten damit ihre Löcher. Was die hellen Köpfe nicht ahnten: Mit ihrer Konstruktion hielten sie den Vorläufer der weltweit ersten elektrischen Bohrmaschine in Händen. Denn Emil Fein, der älteste Sohn des Fabrikgründers Wilhelm Emil Fein, erkannte das Potenzial des Provisoriums und entwickelte das Werkzeug bis zur Marktreife weiter. Mit 7,5 Kilogramm Gewicht und Brustplatte erschien dann die erste elektrisch angetriebene Bohrmaschine. Sie war zwar recht unhandlich und schwer und Bohren war nur mit zwei Händen möglich, aber die Bohrleistung in Stahl betrug schon stolze vier Millimeter im Bohrdurchmesser.

Das primäre Ziel der Firma *Fein,* »Apparate herzustellen, die für die unterschiedlichsten Lebensbereiche praktischen Wert und eine große Bedeutung haben«, war fürs Erste erreicht.

Im weiteren Mittelpunkt der Entwicklung standen und stehen bis heute die

Anwender- und Praxisnähe sowie die Unverwüstlichkeit der Elektrowerkzeuge. Die Bohrmaschine sollte kleiner, leichter, ergonomischer und leistungsfähiger werden. So konstruierte *Fein* 1901 die erste Bohrmaschine mit mechanischer Getriebeuntersetzung, die die Drehzahl für Bohrungen in Metall drastisch reduzierte. 1908 wurde *Fein* zur Spezialfabrik für Elektrowerkzeuge und brachte die tragbare Schleifmaschine, gefolgt vom ersten elektrischen Bohrhammer mit elektropneumatischem Schlagwerk, die Stichsäge zur beschleunigten Blechbearbeitung, die erste Hochleistungsbohrmaschine für Dreh- und Gleichstrom, den ersten Elektroschrauber sowie eine Blechschere auf den Markt. 1933 ging die Firma in Sachen Handbohrmaschinen einen neuen Weg. Mit der Entwicklung eines Motorgehäuses aus Isolierstoff konnte *Fein* das Gewicht der Maschine noch einmal deutlich reduzieren.

Heute besitzt das Unternehmen mit Weltruf, das inzwischen in Schwäbisch Gmünd-Bargau ansässig ist, mehr als 800 aktive Schutzrechte, darunter rund 500 Patente und Patentanmeldungen. Der schier unerschöpfliche Erfindergeist des Unternehmers und Pioniers der Elektrotechnik, Wilhelm Emil Fein, der unter anderem auch noch die erste automatische Kaffeemaschine erfand, das Fernsprechnetz von Barcelona einrichtete und 1892 die erste telegraphische Opernübertragung aus der Stuttgarter Oper in die königliche Villa Berg ermöglichte, scheint bis heute allgegenwärtig.

Werbung aus dem Jahr 1911.

Wer glaubt, ihn streift ein Bus, gibt damit zu verstehen, er sei völlig verblüfft. Verblüfft werden viele Menschen in den westfälischen Gemeinden Siegen, Netphen und Deuz gewesen sein, als sie im Jahr 1895 den ersten Omnibus der Welt sahen, der mit einem Verbrennungsmotor fuhr.

***Mercedes-Benz* stellt bis zum heutigen Tag Reise- und Linienbusse her.**

Gegenüberliegende Seite: Der so genannte *Patent-Motor-Wagen-Omnibus.* Mit zwei dieser Fahrzeuge wurde 1895 die erste Buslinie der Welt betrieben.

Der motorbetriebene Bus sollte die bis dahin gebräuchlichen Pferdeomnibusse ersetzen. Zwischen Siegen, Netphen und Deuz im Siegerland pendelnd gelang den beiden von der Firma *Benz & Cie.* in Mannheim in aufwendiger Handarbeit hergestellten Gefährten dieses zwar nur kurzzeitig – die Technik war noch nicht ausgereift. Doch auf lange Sicht ersetzte auch im öffentlichen Personenverkehr der Motor das Pferd. In großen Städten wurde dieser Fortschritt übrigens heiß ersehnt, denn gegen Ende des 19. Jahrhunderts nahm der Verkehr in den Ballungsräumen stark zu, und überall im städtischen Verkehr, wo es (noch) keine elektrischen Straßenbahnen gab, wurde der Kot als ernsthaftes Umweltproblem wahrgenommen: Wagen mit Gütern waren mit Ochsen oder Pferden bespannt, Pferde zogen Pferdeomnibusse und Pferdetrambahnen – und überall

hinterließen die Zugtiere ihre Spuren. Man war froh um eine neue, »saubere« Technologie.

Carl Benz, dem ein großer Anteil an der Erfindung des Automobils zuzuschreiben ist, hatte seine Erfindung rasch weitergedacht und überlegt, wo sonst noch Motorfahrzeuge zum Personentransport geeignet sein könnten. Er vertraute dem Motor mit 5 PS Leistung aus seinem Pkw-Modell *Victoria* auch die Beförderung von bis zu acht Personen zu. Dies erwies sich aber im rauen Alltagsbetrieb zwischen März und November 1895 im Siegerland als Illusion: Die Vollgummiräder waren rasch abgefahren und mussten durch Eisenreifen – wie bei einem Pferdegespann – ersetzt werden. Dadurch verschlechterte sich aber die Straßenhaftung, so dass der Motor seine Leistung nicht mehr auf die Fahrbahn brachte. Ohnehin erwies sich der Motor als zu schwach, um den Wagen – speziell wenn die unbefestigte Fahrbahn durch Regen aufgeweicht war – zwei steile Stei-

SETRA
UL CC515

gungen meistern zu lassen, die auf dem Weg lagen. Oft mussten die Passagiere aussteigen, nicht selten sogar schieben.

Dass der erste Linienomnibus der Welt mehr wie eine Kutsche ohne Pferde denn wie ein Auto aussieht, hat seine Gründe: Carl Benz setzte bis an die Wende zum 20. Jahrhundert bei seinen Fahrzeugen auf große, filigrane Speichenräder. Auch das Fahrgestell, auf das bei Benz ein klassischer Kutschenaufbau gesetzt wurde, hatte noch einen Namen aus dem Wagenbau: Es handelte sich um ein *Landauer-Chassis*. Der Benz'sche *Patent-Motor-Wagen-Omnibus* hatte Platz für acht Personen, verfügte – was noch kein Pkw dieser Zeit hatte – über eine Heizung für die Passagiere, war bis zu 20 Kilometer pro Stunde schnell und wog 1200 Kilogramm. Benz hatte offenbar selbst Zweifel an der Tauglichkeit seines ersten Omnibusses für den Linienverkehr. In seinen Verkaufsunterlagen retuschierte *Benz & Cie.* das Schild mit dem Namen der Buslinie »Siegen–Netphen–Deuz«, ersetzte es durch den Schriftzug »Hotel National« und bewarb das Fahrzeug als Hotelwagen-Omnibus. Für diesen leichteren Dienst als Zubringer vom Hotel zum nächsten Bahnhof hätte sich der Wagen wohl besser geeignet.

Carl Benz, hier ein Bild aus späteren Jahren, machte sich auf Basis des Automobils frühzeitig Gedanken um weitere Motorisierungsmöglichkeiten.

Insgesamt hat Carl Benz jedoch nur vier dieser ersten Omnibusse an Kunden geliefert. Ähnliche Erfahrungen machte auch sein großer Konkurrent Gottlieb Daimler mit seinen frühen Bussen. Ab 1897 fuhren *Daimler*-Busse versuchsweise in München, ab Oktober 1898 gab es einen Linienbetrieb zwischen Mergentheim und Künzelsau in Württemberg. Die drei 10 PS starken Busse stießen auf die gleichen Schwierigkeiten wie die *Benz*-Busse in Westfalen, zudem war die Treibstoffversorgung nicht gesichert, und die Fahrzeuge blieben gelegentlich ohne Sprit liegen. Während *Benz* bis 1907 nur noch wenige Busse baute, ließ sich *Daimler* von ersten Fehlschlägen nicht beirren und bot schon 1898 ein komplettes Programm mit vier verschiedenen Bussen an. Letztlich ebnete also der Schwabe dem Bus, der eine große Karriere im öffentlichen Nah- und Fernverkehr machte, den Weg.

Mercedes-Benz Museum,
Mercedesstraße 100,
70372 Stuttgart,
Telefon (0711) 1 73 00 00,
www.mercedes-benz-classic.com/museum

Gegenüberliegende Seite: Die Marke *Setra* gehört zum *Daimler*-Konzern und stellt Reise- sowie Linienbusse her.

1895 | Elektrische Modelleisenbahn

Sie wurde am Ende des 19. Jahrhunderts geboren, blühte im 20. Jahrhundert und hat im 21. Jahrhundert Mühe, nicht in Vergessenheit zu geraten. Die Rede ist von der elektrischen Modelleisenbahn. Zur Blütezeit der großen Eisenbahn hat wohl die Mehrzahl der Buben jene Männer auf ihren riesigen Maschinen bewundert, deren Beruf Lokomotivführer war. Und zu Hause ahmten diese Jungs jene Männer nach – beim Spielen mit der Modelleisenbahn.

Der Vater der elektrischen Modelleisenbahn, Eugen Märklin.

Gegenüberliegende Seite: Mit Modellen der Schweizer Lokomotive Krokodil wurde *Märklin* weltberühmt.

Spielzeugeisenbahnen gab es, seit es die große Eisenbahn gab. Die frühen Eisenbahn-Spiellokomotiven waren aus Holz und wurden von den Kindern an einem Schnürchen hinter sich hergezogen. Später kamen Eisenbahnen aus Blech hinzu, manche auch mit Schienen. Doch es waren jeweils individuelle Spielzeuge, nicht dazu gemacht, systematisch Stück um Stück erweitert zu werden. Der Schritt zur Modelleisenbahn mit vereinheitlichten Spurweiten, die mit Schienen, Fahrzeugen und Zubehör von einem ersten Gleisoval zu einer ganzen Anlage ausgebaut werden konnte, der wurde in Göppingen getan – vom Unternehmen *Gebr. Märklin u. Co.*, das sich ab 1908 *Gebr. Märklin u. Cie.* nannte.

Dass *Märklin* die erste elektrische Modelleisenbahn der Welt auf den Markt brachte, ist nicht ganz gesichert. Das Nürnberger Unternehmen *Georges Carette & Cie.* hatte 1893 in den USA eine elektrisch angetriebene Spielzeug-Straßenbahn vorgestellt, und es gab in den USA etwa zeitgleich einen weiteren Anbieter eines solchen Modells. Doch ob die Bahnen zu dieser Zeit schon in Serie gingen oder erst später, ist nicht mehr feststellbar. *Märklin* jedenfalls bot ab 1895 ein erstes elektrisch angetriebenes Modell an und erweiterte die Palette ab 1897 kontinuierlich – etwa drei

Eines der frühen Blech-Modelle der Spur I von *Märklin*.

Jahre, bevor es am Firmenstandort Göppingen überhaupt ein Elektrizitätswerk gab! Und zu einer Zeit, als bei der großen Eisenbahn gerade die ersten Versuche mit Elektrolokomotiven begonnen hatten. Ganz ungefährlich war das Spiel mit den ersten elektrischen Eisenbahnen nicht – sie wurden noch mit Starkstrom betrieben. Erst später wurden sie dank Transformatoren zum populären, harmlosen Kinderspielzeug.

Anders als bei den beiden anderen erwähnten Herstellern überlebte die Modellbahnproduktion bei *Märklin* den Ersten Weltkrieg, und das Unternehmen aus Württemberg stieg zum Weltmarktführer auf – auch dank einer frühen Exportstrategie: Man fertigte für Märkte wie England, Frankreich und die USA spezielle Modelle nach dortigen Vorbildern. Den Begriff Modelleisenbahn darf man für frühe Produkte bis in die Nachkriegszeit nicht zu sehr strapazieren: Das Material der Fahrzeuge war Blech, und man konnte fertigungstechnisch und farblich das Vorbild zwar nachempfinden, doch keineswegs nachbauen. Die echte, vorbildgetreue Modellbahn wurde erst mit Metalldruckguss und Kunststoffspritzguss möglich. *Märklin* hat auch die heute gängigen Spurweiten erfunden. Die ersten produzierten Modellgleise hatten einen Abstand von 48 Millimetern zwischen den Schienen und erhielten den Namen *Spur I*. Es folgten breitere Gleise für größere Modelle, die dann *Spur II* und *Spur III* genannt wurden. Als man erkannte, dass kleinere Modelle besser zu vermarkten waren, führte man eine Bahn mit 32 Millimetern Spurweite ein. Weil die römische I schon belegt war, bekam sie den Namen *Spur 0*. Die heute populärste Baugröße ist *H0:* 1935 brachte man Gleise mit 16,5 Millimetern Spurweite auf den Markt – das war etwa die Hälfte der Spur 0 und wurde deshalb *Halb-Null* genannt: *H0*. 1972 hat *Märklin* schließlich die bis heute kleinste funktionsfähige europäische Modellbahngröße eingeführt: die *Spur Z*.

Die Gebrüder Märklin – diesen Namen trägt das Unternehmen bis heute, obwohl es längst nicht mehr in Familienbesitz ist – waren Eugen (1861–1947) und Karl (1866–1930) Märklin. Dass es ihr Unternehmen überhaupt geben konnte, war nicht zuletzt das Verdienst ihrer Mutter Caroline. Ihr erster Ehemann hatte das Familienunternehmen 1859 aus einem Flaschnerbetrieb heraus gegründet: *W. Märklin* fertigte etwa drei Jahrzehnte lang Haushaltswaren sowie Mädchenspielzeug aus Blech, speziell für die populären Puppenküchen, mit denen sich der weibliche Nachwuchs auf seine häuslichen Pflichten vorbereitete. Doch 1866 starb Firmengründer Theodor Friedrich Wilhelm Märklin an den Folgen eines Treppensturzes. Seine Ehefrau Caroline stand mit drei Söhnen allein da und versuchte, das Geschäft zu erhalten. Wie zu Lebzeiten ihres Mannes durchreiste sie als Repräsentantin des Unternehmens Süddeutschland und die Schweiz – und dürfte eine der ersten weiblichen Handelsreisenden überhaupt gewesen sein. Ihre Energie wurde belohnt: 1888 konnten die Brüder ihr Unternehmen gründen und die Mutter ablösen. Dass sie dann 1891 eine erste Blechlokomotive vorstellten, hat mit einer Firmenübernahme zu tun: Im Sommer jenes Jahres hatte *Märklin* das Ellwanger Unternehmen *Lutz* gekauft, dessen Spezialität Blechspielzeug für Jungs war.

Märklin Erlebniswelt,
Reutlinger Straße 2,
73037 Göppingen,
Telefon (0 71 61) 6 08-289,
www.maerklin.de/museum

Den Ruf »Hallo, Taxi!« konnte man zwar in Großstädten bereits im 19. Jahrhundert vernehmen, doch das erste Taxi im heutigen Sinn, angetrieben von einem Motor und gesteuert von einem Kraftfahrer, ist in der *Motoren-Gesellschaft* von Gottlieb Daimler gebaut worden.

Gottlieb Daimler 1898 im Alter von 64 Jahren. Er starb im Jahr 1900.

Gegenüberliegende Seite: Die erste Motordroschke – und damit das erste Taxi der Welt – fuhr in Stuttgart.

Der Stuttgarter Fuhr- und Droschkenunternehmer Friedrich August Greiner bewies im Juni 1896 Mut und Weitblick, als er den ersten Daimler-Motorwagen als Droschke, also ausgestattet mit einem Taxameter, bestellte. Die zweite Weltneuheit an diesem Wagen war, dass der Fahrgastraum beheizbar war – das hatte es bis dahin noch in keinem Automobil gegeben. Der Fahrer hingegen saß wie bei den bis dahin gebräuchlichen Pferdedroschken üblich auf einem Kutschbock und war Wind und Wetter ausgeliefert. Das ganze Gefährt sah noch sehr aus wie eine Kutsche – nur eben ohne Deichsel und Pferd. Der Aufbau dieser neuen Motordroschke war ein Landaulet, das bedeutet, dass die Fahrgäste unter einem festen Dach saßen, während der hintere Teil der

Karosserie – zum Zweck des Sehens und Gesehenwerdens – nach Art eines Cabriolets nach hinten gefaltet werden konnte. Die Landaulet-Bauart war auch im 20. Jahrhundert noch lange eine Spielart für Repräsentationslimousinen – bis die Prominenten aus Sicherheitsgründen fast ausnahmslos in geschlossenen und gepanzerten Limousinen verschwanden. Bei schönem Wetter konnte der Aufbau komplett demontiert werden, so dass die Fahrgäste im offenen Wagen unterwegs waren. Neu an diesem *Daimler*-Taxi war auch die sogenannte Reversiervorrichtung – ein Rückwärtsgang, mit dem die Droschke rangiert werden konnte. Das Taxameter ging übrigens nicht in den Besitz von Friedrich August Greiner über – er bekam es lediglich zur Miete, was aber damals so üblich war.

TAXI
TAXI
TAXI
TAXI
S-HZ 593

Von 1971 an waren Taxis in Deutschland hellelfenbeinfarben lackiert. Zuvor war die vorgeschriebene Farbe Schwarz. Heute können Taxiunternehmer die Lackfarbe frei wählen.

***Mercedes*-Taxis prägen das Bild vieler Großstädte – bis heute.**

Das Wort Droschke stammt ursprünglich aus dem Russischen. »Droschki« waren besonders bequeme Pferdewagen oder -schlitten, mit denen Adlige Ausfahrten unternahmen. Über Berlin ist das Wort nach und nach im gesamten deutschen Sprachraum verbreitet worden. In Berlin gab es nach 1810 die ersten Droschkenunternehmer, die bis zur Einführung der Straßenbahnen und der Erfindung des Automobils praktisch Monopolisten des städtischen öffentlichen Verkehrs waren. In Berlin waren die ersten Kraftdroschken, wie man sie zur Unterscheidung von Pferdedroschken nannte, um 1900 zu sehen.

In Stuttgart begann die neue Zeit bereits einige Jahre früher, als die erste Motordroschke an den Unternehmer Greiner ausgeliefert wurde. Der Fahrer steuerte den Wagen über ein senkrecht stehendes kleines Lenkrad, das direkt auf die unter dem Kutschbock liegende Vorderachse wirkte. Rechts neben sich hatte der Fahrer die Schaltung – die Verbindung zwischen Motor und angetriebener Hinterachse stellte ein Lederriemen her. Beim Schalten wurde er zwischen verschieden großen Rollen an der Achse hin- und hergeschoben. Der Motor leistete 5,5 PS, hatte also die Kraft von fünfeinhalb Pferden, während die Pferdedroschken in der Regel von nur einem Zugtier bewegt wurden. Kein Wunder also, dass eine Fachzeitschrift bereits ein Jahr später berichtete, dass die Erfahrungen mit diesen Motorwagen »recht günstige« seien und dass die Wagen täglich im Durchschnitt 70 Kilometer unterwegs seien. Die Höchstgeschwindigkeit lag bei 24 Kilometer pro Stunde, für damalige Verhältnisse unerhört schnell, und die reichliche Motorleistung machte sich vor allem an Steigungen – von denen es in Stuttgart nicht wenige gibt – positiv bemerkbar. Die *Daimler*-Droschken bezogen ihre Standplätze am Hauptbahnhof in Stuttgart und am Cannstatter Bahnhof und traten dort in – teils erbitterte – Konkurrenz zu den etablierten Pferdedroschken. Als Chauffeure wurden bewährte junge Männer aus dem Herstellerwerk ausgesucht, denn ein Fahrer hatte bei den ersten Automobilen alle Hände voll zu tun, kleinere Mängel und Pannen rasch zu beheben. Einer dieser Fahrer war der damals 25-jährige Friedrich Frey, der für seinen »stinkenden Benzinkarren« viel Hohn und Spott von den Pferdedroschken-Lenkern zu hören bekam. Er soll geantwortet haben: »Wartet noh, ihr Bachel, in fenfazwanzig Jahr' send ihr älle motorisiert!«

Wirtschaftlich erfolgreich waren die ersten Motordroschken noch nicht – ihre Reparaturbedürftigkeit machte einen Strich durch die Rentabilitätsrechnung. Doch vor allem die hohe Geschwindigkeit und die wegfallenden Unterhaltskosten für die Pferde waren so überzeugend, dass ihre Karriere auch von Kinderkrankheiten nicht zu stoppen war. Carl Benz versuchte übrigens zeitgleich mit seinem Konkurrenten Gottlieb Daimler, ebenfalls in Stuttgart Taxis – der heute gebräuchliche Name leitet sich vom Taxameter ab, das den Fahrpreis errechnet – zu etablieren. Doch die Behörden legten der technischen Abnahme der *Benz*-Wagen so viele Hürden in den Weg, dass die Vermutung nahe liegt, hier seien württembergisch-badische Animositäten ausgetragen worden.

Mercedes-Benz Museum,
Mercedesstraße 100,
70372 Stuttgart,
Telefon (0711) 1 73 00 00,
www.mercedes-benz-classic.com/museum

1902 | Bosch-Zündung

Robert Bosch gilt landläufig als ein illustres Beispiel schwäbischen Unternehmer- und Tüftlergeistes. Interessant ist, dass ihm dennoch keine der bedeutenden Erfindungen seines Unternehmens persönlich zuzuschreiben ist. Auch eine besonders zündende Idee, die Bosch weltberühmt gemacht hat, stammt nicht von ihm selbst, sondern von seinem Mitarbeiter Gottlob Honold.

Hochspannungs-Magnetzündung – das klingt kompliziert und war es zur Geburtsstunde des modernen Automobils auch. Ein Benzinmotor kann seine Kraft nur wirkungsvoll entfalten, wenn das Gemisch aus Kraftstoff und Luft in der Brennkammer genau im richtigen Moment durch einen Funken zur Zündung gebracht wird. Diese präzise Zündung erwies sich als »Problem der Probleme«, wie der Automobilerfinder Carl Benz bald feststellte. Es ist Robert Boschs technischem Leiter Gottlob Honold zu verdanken, dass dieses Problem gelöst wurde. Die legendär gewordenen *Bosch*-Zünder sind ein typisches Beispiel für den Erfindergeist in einer technisch komplexen Welt.

Die erste *Bosch*-Hochspannungs-Magnetzündung mit Zündkerze.

Weder Zündkerze noch Magnetzündung sind bei *Bosch* erfunden worden. Doch die Ideen Honolds verbesserten das Vorhandene so weit, dass es überhaupt zuverlässig funktionierte und industriell hergestellt werden konnte.

Mit der Verbesserung der Magnetzündung hatte Robert *Bosch* in seiner kleinen Werkstatt vor 1890 selbst begonnen. Nicolaus Otto, der Erfinder des gleichnamigen Motors, benutzte einen Zündapparat, in welchem ein drahtumwickelter Anker durch Rotation in einem Magnetfeld Strom erzeugte und ein sogenannter Abschnappzünder die Energie in einen Funken verwandelte. Bosch erhielt

1887 den Auftrag, einen Otto-Motor mit einem Zündapparat zu versehen und fand bei Versuchen den – nicht patentierten – Otto-Apparat wenig tauglich. Er verbesserte ihn in wesentlichen Punkten und machte wenig später bereits die Hälfte seines Umsatzes mit seinen Zündapparaten. Dieser sogenannte Niederspannungs-Magnetzünder war zwar für Stationärmotoren mit 180 bis 200 Umdrehungen pro Minute absolut ausreichend, lieferte aber für die um das Jahr 1900 zunehmend forcierten schnelllaufenden Motoren von Fahrzeugen nicht die geforderten 1000 und mehr Umdrehungen pro Minute. Der Durchbruch gelang Boschs Mitarbeiter Arnold Zähringer 1896, der einen Zünder mit schneller rotierendem Anker und Abreißzünder konstruierte. Dieser ermöglichte endlich Drehzahlen jenseits der 1000. Auf diese Entwicklung erhielt *Bosch* ein Patent und Zähringer einen Anteil an jedem verkauften Zünder. Damit war das technische Problem gelöst, doch die Konstruktion war kompliziert, teuer und nicht zuverlässig genug. 1901 holte Robert Bosch seinen ehemaligen Lehrling Gottlob Honold, der nach der Ausbildung ein Ingenieurstudium an der Technischen Hochschule Stuttgart absolviert hatte, zurück in sein Unternehmen und beauftragte ihn mit der Weiterentwicklung der Zündapparate. 1902 legte Honold ein Resultat vor: Sein Magnetzünder erzeugte zwischen zwei feststehenden Elektroden einen Zündfunken, der den lichtbogenartigen Charakter des Abreißfunkens hatte, ohne dessen komplizierten Mechanismus zu brauchen. Damit der Lichtbogen erzeugt werden konnte, arbeitete der Zünder mit Hochspannung.

Die Zündkerze, in welcher die beiden Elektroden gelagert waren, zwischen denen der Funke entstand, ist keine *Bosch*-Erfindung. Schon Carl Benz hatte mit Zündkerzen experimentiert, jedoch ohne Erfolg: Die Isolierung war bei vielen Versuchen

Die *Bosch*-Zündkerze ist auch als Werbemotiv weltbekannt geworden.

Gottlob Honold, der Vater der Hochspannungszündung, im Jahr 1910.

Gegenüberliegende Seite: *Bosch*-Direktoren auf Probefahrt im Jahr 1907. Gustav Klein, Gottlob Honold, Ernst Ulmer und Arnold Zähringer (v.l.n.r.).

mangelhaft, und die Elektroden schmolzen unter dem starken Lichtbogen bereits nach wenigen Zündungen dahin. Honolds Verdienst um die Zündkerze war die Verwendung einer dauerhaften, hochwertigen Keramik zur Isolation der Elektroden, und er entwickelte eine Metalllegierung für die Elektroden, die der hohen Wärmebelastung zuverlässig standhielt. Im Prinzip sehen Zündkerzen bis heute so aus. 1902 wurde die Honold'sche Hochspannungszündung mit Zündkerze zum Patent angemeldet und setzte sich wegen ihrer hohen Zuverlässigkeit und der Qualität der *Bosch*-Produkte auf dem Markt durch. Dank moderner Herstellungstechniken wie der ab 1925 eingeführten Fließbandfertigung wurde sie millionenfach auf hohem Qualitätsniveau hergestellt. Allerdings wurden in der Kraftfahrzeugindustrie die Rufe nach preiswerteren Zündsystemen lauter. Ein Magnetzünder für ein Automobil mittlerer Größe kostete um 1930 immerhin etwa 200 Reichsmark – das doppelte Monatsgehalt eines *Bosch*-Arbeiters und ein Zehntel eines Kleinwagens. Deshalb forcierte *Bosch* die Entwicklung der heute üblichen Batteriezündung. Die Lichtmaschinen, die *Bosch* seit 1913 produzierte, konnten verbrauchten Zündstrom während der Fahrt wieder ersetzen. Damit konnte *Bosch* dem Kundenbedürfnis nach günstigen Lösungen nachkommen. Das Unternehmen lieferte zunächst hauptsächlich für Klein- und Mittelklassewagen Batteriezündsysteme, die aus Zündspule, Zündverteiler und Zündkerzen nebst Kabeln bestanden. Mitte der 1930er-Jahre hatte sich die Batteriezündung dann generell durchgesetzt.

Die Zündkerze, mit der *Bosch* zu Weltruhm kam, war zunächst nur ein Nebenprodukt, das man herstellte, um ein komplettes System anbieten zu können. Dann nahm die Geschichte eine interessante Wendung: Die Magnetzündung ist längst passé, doch Zündkerzen fertigt *Bosch* noch immer – jährlich mehr als 300 Millionen und seit Produktionsbeginn weit über 10 Milliarden Stück.

IIIA-148

1902 | *Teddybär*

Das einstige »Bärle« aus der *Steiff'schen* Spielzeugmanufaktur ist heute Spielzeug, Sammlerstück, Talisman und Kunstobjekt zugleich. Wie aus dem mit Holzwolle ausgestopften Stück Stoff mit dem Knopf im Ohr der kuschelige, bewegliche und treue Freund fürs Leben wurde, erzählt die Geschichte des Teddybärenerfinders Richard Steiff.

Ein Bär mit dem Knopf im Ohr hält ein Leben lang.

Gegenüberliegende Seite: Richard Steiff, der Neffe von Margarete Steiff, erfand den bis heute beliebten Teddybär.

Richard Steiff, geboren am 7. Februar 1877 in Giengen an der Brenz, war ein Neffe der berühmten Spielzeugfabrikantin Margarete Steiff. Nach dem Besuch der Kunstgewerbeschule in Stuttgart unterstützte Richard Steiff seine Tante Margarete in der aufstrebenden Spielzeugfabrik. Der als charmant, intelligent und sensibel geltende Richard sprühte wie seine Brüder vor Tatendrang, Phantasie und Kreativität. Im Betrieb lernte er alle Produktionsvorgänge von der Pike auf kennen. Er konnte nähen, zeichnen, entwerfen und war im Büro tätig. Seine Vorliebe galt jedoch der Entwicklung und so war er es, der 1902 erste Entwürfe von Tieren mit beweglichen Gliedern anfertigte. Vorangegangen waren zwei Schlüsselerlebnisse. Zum einen standen zu dieser Zeit Puppen mit beweglichen Gliedern in der Käufergunst sehr hoch, zum anderen hatte er eine Bärendressur besucht und, wie schon früher während seiner Ausbildung, die Bewegung der ihn faszinierenden Tiere studiert. Erste Muster des *Bär 55 PB* entstanden. Wobei P für Plüsch und B für

STEIFF

Die *Steiff*-Bären sorgen nicht nur für leuchtende Kinderaugen, sondern sind zugleich Freund, Sammelobjekt und Talisman.

beweglich standen. Die Zahl 55 gab die Größe des Tieres an, 55 Zentimeter. Doch Tante Margarete zeigte sich nur mäßig begeistert. Ihr Urteil war hart. Der Bär war ihr zu plump und in der Herstellung zu teuer. Dennoch schickte sie sechs Bären nach Amerika, um den Absatz dort zu testen. Doch der Bär kam nicht gut an, er sei zu groß, zu schwer und zu hart. Auf der Messe in Leipzig 1903 blieb der *Bär 55 PB* zunächst ohne Beachtung, bis am letzten Tag ein Einkäufer eines großen US-Einkaufszentrums 3000 Exemplare dieser Bären bestellte. Richard Steiff überarbeitete seinen Ur-Bären, machte ihn kleiner, liebenswürdiger und verbesserte vor allem die Beweglichkeit der Arme und Beine. 1904 präsentierte er den Nachfolger, den *Bär 35 PB*. Auf der Weltausstellung in St. Louis verkaufte die Firma *Steiff* davon 12 000 Exemplare. Dieser Erfolg überzeugte nun auch die kritische Tante Margarete. Doch so groß die Freude über das Meisterstück des Neffen war, so sehr belasteten Plagiate die Spielzeugfabrik. Seit November 1904 tragen deshalb alle Produkte von *Steiff* das unverwechselbare Markenzeichen, den Knopf im Ohr, und zwar im linken. Anfangs waren die Metallknöpfe blank, dann wurden sie mit eingeprägtem »Elefäntle« mit dem s-förmigen Rüssel, später mit dem Schriftzug *Steiff* gefertigt.

Richard Steiff hatte hohe Ansprüche an seine Bären und optimierte die Befestigung der Glieder. Er ersetzte den bisher verwendeten Bindfaden durch Drähte, arbeitete

Der *Bär 55 PB-1:* P steht für Plüsch und B für beweglich. Die Zahl 55 gibt die Größe des Tieres an, er misst 55 Zentimeter.

mit Metallachsen und Gelenken und sorgte so für »endlos drehbare« Bewegungsfreiheit. Die Verkaufszahlen stiegen. Doch Richard Steiff war immer noch unzufrieden. Er gestaltete den Bär schlanker, puppenähnlicher und verpasste ihm ein rundes Gesicht, eine kurze Schnauze und eine gestickte Nase. Kopf und Glieder waren fortan »angescheibt«, was sich in der Typenkennzeichnung bemerkbar machte: *Bär 35 PAB* (A = angescheibt). Noch 1905 hieß der Bär »Bärle«, ab 1908 konnte er brummen, die Füllung war leichter, der Bär weicher. Im Jahr 1907 verließen bereits 975 000 Plüschbären das Städtchen Giengen an der Brenz. Die Reise für die knuffigen Zeitgenossen war lang, denn 90 Prozent von ihnen erfreuten die Kundschaft in Amerika. Die Amerikaner hatte das Bärenfieber gepackt, nicht zuletzt, da ihr Präsident Theodore »Teddy« Roosevelt dem Bären seinen Namen gab.

In Giengen an der Brenz tüftelte derweil Richard Steiff weiter an den Bären. Sie bekamen Kleidung, einen Maulkorb, konnten purzeln oder ließen sich wie Marionetten führen. Im März 1939 starb der Vater der Bären in seiner Wahlheimat in Michigan plötzlich an einer Herzerkrankung. Der vielseitige Designer hat mit seinem Durchhaltevermögen und Perfektionismus Freunde fürs Leben geschaffen. Wer seine Geschichte erleben möchte, dem sei das liebevoll ausstaffierte *Steiff*-Museum in Giengen an der Brenz ans Herz gelegt.

Steiff Museum,
Margarete-Steiff-Platz 1,
89537 Giengen an der Brenz,
Infoline (0 18 05) 13 11 01,
www.steiff.com

»Er war keiner der Großen, kein Politiker, kein Wirtschaftskönig und kein Religionsstifter. Er war ganz einfach ein arbeitsamer, kluger und tüchtiger Mensch«, ist aus einem Nachruf anlässlich seines Todes am 22. Januar 1951 zu erfahren. Gemeint ist der Frisör, Tüftler und Fabrikant Karl Ludwig Nessler aus Todtnau, der neben der Dauerwelle auch die künstlichen Augenbrauen und Wimpern erfand.

Der Lebenslauf des rastlosen Dauerwellenschöpfers Karl Ludwig Nessler vereint Neugier, Mut, Experimentierfreudigkeit sowie Durchhaltevermögen und erinnert an die Geschichte »vom Tellerwäscher zum Millionär«. Im Fokus des naseweisen Schwarzwälder Buben, der am 2. Mai 1872 als Sohn eines Schuhmachers in Todtnau zur Welt kam, lag schon früh das menschliche Haar. Karl Ludwig Nessler begann nach der Schulzeit eine Lehre als Barbier, brach diese jedoch ab. Es zog den geschäftigen jungen Mann ins Ausland, zunächst nach Aarau, Basel und Mailand. Seinen deutschen Vornamen Karl änderte er in Genf in Charles um, begann dort eine Frisörlehre und vertiefte seine Studien rund ums Haar mit dem Ziel, es dauerhaft zu wellen. Für die allererste Dauerwelle stellte seine Freundin Katharina in Paris ihren Kopf samt Haarpracht für einen Praxistest zur Verfügung. Die anvisierte Lockenpracht forderte Geduld und Mut. Jede Strähne musste einzeln und mühsam bearbeitet werden. Dazu wickelte, rollte und befestigte Nessler das Haar, um es anschließend mit seiner Geheimlösung aus Borax und

Detail aus einem Werbeplakat für Nestlés echte Lanoil-Dauerwellen, die selbst bei Regen und beim Waschen halten.

Karl Ludwig Nessler, Frisör aus dem Schwarzwald und Erfinder der Dauerwelle.

Gegenüberliegende Seite: Dieser Nachbau zeigt die Gerätschaften und Hilfsmittel, die für die erste Dauerwelle benötigt wurden.

Soda zu tränken. Damit die aufgebrachte Flüssigkeit auch Wirkung zeigte, »kochte« Nessler die präparierte Haarsträhne mit einer heißen Zange rund zehn Minuten direkt am Kopf. Dieser selbstlose wie schmerzhafte Einsatz war ein großer Liebesbeweis von Katharina Laible. Denn zunächst bildeten sich Brandblasen, dann zeigte sich versengtes Haar. Erst beim dritten Versuch stellte sich der Erfolg ein. Das Haar wellte sich auch nach mehreren Haarwäschen. Die Dauerwelle war mit dieser Aktion zwar erfunden, bedurfte allerdings noch der Verbesserungen. Der Geburtstag der Dauerwelle ist der 8. Oktober 1906, an diesem Tag wagte sich Nessler zum ersten Mal mit seiner Erfindung an die Öffentlichkeit. Geld spülte zunächst Nesslers weitere patentierte Entdeckung von künstlichen Augenbrauen und Wimpern in die Kasse. Nachdem er Katharina geheiratet hatte, änderte er auch seinen Nachnamen. Aus Nessler wurde Nestlé.

1909 beantragte Nessler auf seine Dauerwellenerfindung den internationalen Patentschutz. Ein Werbeplakat beschrieb die Nestlé-Welle derweil als »dauerhafte Haarwelle am lebenden Kopf«. Anfangs lehnten die Frisöre seinen Einfall ab. Sie fürchteten vor allem den Rückgang ihrer Kundschaft, die mit der dauerhaften Welle über Monate nicht mehr zum Legen und Ondulieren käme. Dennoch stieg die Zahl der Damen, die sich die exklusiven Locken, »permanent hair wave« genannt, leisteten. Nessler lebte und arbeitete nun in London und stellte bei der Dauerwelle auf elektrische Heizpatronen um. Auf seinen elektrisch beheizten Apparat, der furchteinflößend aussah, erhielt er 1910 den englischen Patentschutz.

Nach Ausbruch des Ersten Weltkrieges und der Flucht als inhaftierter Ausländer aus dem Internierungslager reiste Nessler als Mister Miller getarnt nach Amerika. Obwohl er in England alles verloren hatte und die Anfänge in Amerika schleppend verliefen, arbeitete er sich mit Fleiß und neuen Ideen, wie den elektrisch betriebenen Heimgeräten für die Dauerwelle zu Hause, wieder nach oben. Trotz aller Erfolge vergaß er

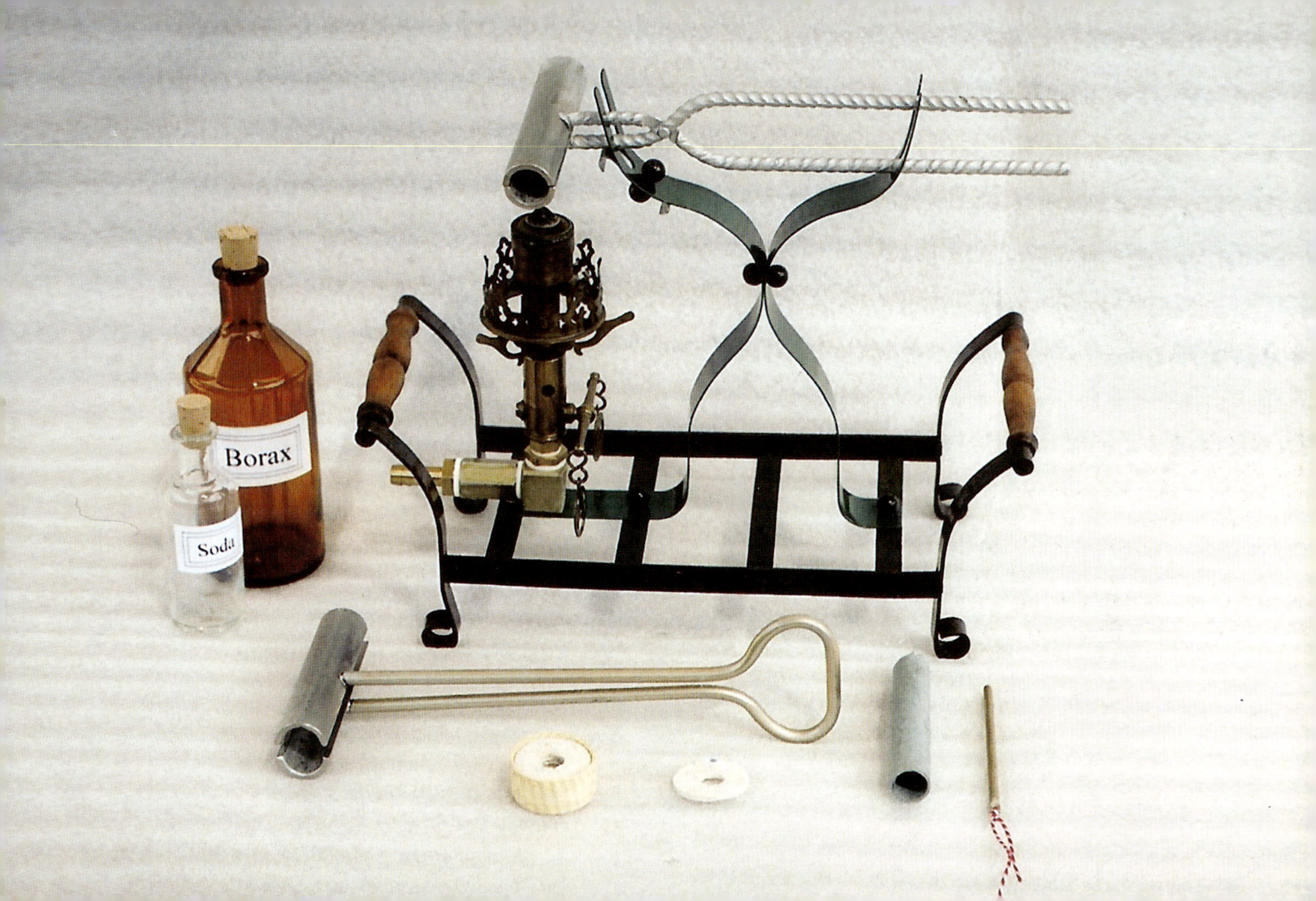
Borax
Soda

Auszug aus der Patentschrift von 1909. Nessler erhielt den Patentschutz auf einen elektrisch beheizten Dauerwellenapparat.

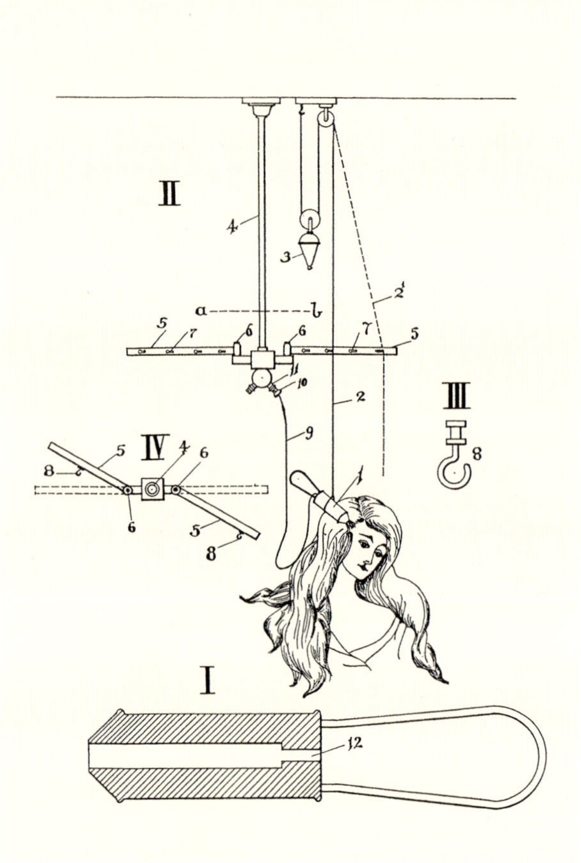

seine Heimat Todtnau nicht. Während der Inflation und Not spendete »Mister Nessler« an seine Geburtsstadt Kleider, Wäsche und kaufte mit dem harten Dollar Kartoffeln und Getreide ein. Für die Verteilung reiste er eigens aus Amerika an. Wieder zurück, überschlugen sich jedoch die Ereignisse. Miss Amerika erhielt werbewirksam 1926 eine Dauerwelle. Auf dem Höhepunkt seines Erfolges verkaufte Nessler 1928 seine Geschäfte, Fabriken, Patente und verlor am Schwarzen Freitag einen Großteil seines Millionenvermögens. Ende 1929 brannten sein Haus und das Labor mitsamt der Aufzeichnungen, Lizenzverträge und Forschungsergebnisse ab. Eine neue und letzte Erfindung, der Hautverjüngungsapparat *Cha Ness,* sollte ihm wieder zu Geld und Glatzenträgern zu neuem Haar verhelfen. Doch der erfolgsverwöhnte Geschäftsmann scheiterte und zog sich enttäuscht aus dem öffentlichen Leben zurück. Geblieben sind seine Bücher, Apparate und Erfindungen, sein Grab bei New York, das Museum in Todtnau sowie die vielen künstlichen Locken, die seit über 100 Jahren weltweit auf den Köpfen hüpfen.

Dauerwellenmuseum Todtnau,
Spitalstraße 1,
79674 Todtnau,
Telefon (0 76 71) 420,
(Verein für Heimatgeschichte e. V.),
www.nessler-todtnau.de

Ruhig ist es in der Gemeinde Eisenbach, ganz genau im Ortsteil Schollach im Hochschwarzwald. Doch das war nicht immer so. Denn der einstige Gastwirt des Schneckenhofs, Robert Winterhalder, war um die Jahrhundertwende bemüht, seinen Kurgästen einen angenehmen Aufenthalt zu bescheren – auch im Winter und vor allem im Schnee – und erfand für sie den ersten Skilift der Welt.

Mit den Kurgästen, die sich winters im Luftkurort Schollach erholen wollten, gab es ein Problem. Denn allesamt plagten sie sich mit Asthma, Allergien und anderen Leiden herum und waren körperlich nur eingeschränkt belastbar. Doch wer den Hang mit dem Schlitten oder Skiern, die damals neu im Trend waren, heruntersausen wollte, musste zunächst rauf auf den Berg. Da kam dem Gastwirt Robert Winterhalder eine Idee. Warum sollte er nicht für seine Gäste einen hydraulischen Aufzug, eine Aufzugbahn bauen, die sie bergan beförderte? Dazu rammte er in den Jahren 1906 und 1907 oberhalb der Mühle auf einer Strecke von 280 Metern fünf Holzmasten in den Hang und befestigte zwischen zwei Umlaufrädern in der Tal- und Bergstation ein Endlosseil. Von unten bis oben sollte der Skilift, der am 14. Februar 1908 in Betrieb ging, 32 Meter Höhenunterschied bewältigen. Das Vergnügen an sich, die anschließende Abfahrt, betrug für die Schneeliebhaber dann runde 400 Meter.

Das Prinzip entsprach schon damals dem der heutigen Schlepplifte. Die Passagiere hielten sich an hölzernen Griffen fest, die wiederum durch Zangen und Bügel mit dem Seil verbunden waren. Seinerzeit waren zwei Mitarbeiter für den Betrieb notwendig. Einer half den Herrschaften, die noch im feinen Zwirn sportelten, beim Einstieg. Der andere sorgte oben für einen unfallfreien Ausstieg. Für eine Mark gab es eine 10er-Karte. Leisten konnten sich das nur die Kurgäste. Die Einheimischen stapften wie eh und je zu Fuß den Berg hinauf und lachten den Vorreiter in Sachen Wintersport, Robert Winterhalder, für seine Attraktion noch aus.

Robert Winterhalder, der 1866 auf die Welt kam und 1932 verstarb, war weder Ingenieur noch Konstrukteur. Er war ein Gastwirt mit Leib und Seele, dem das Wohl-

Robert Winterhalder gelang es, den mühsamen Aufstieg vor einer Talabfahrt angenehmer zu gestalten.

Gegenüberliegende Seite: Winterspaß im feinen Zwirn im Schnee – zu Beginn des 20. Jahrhunderts war die Aufzugbahn in Schollach eine Sensation.

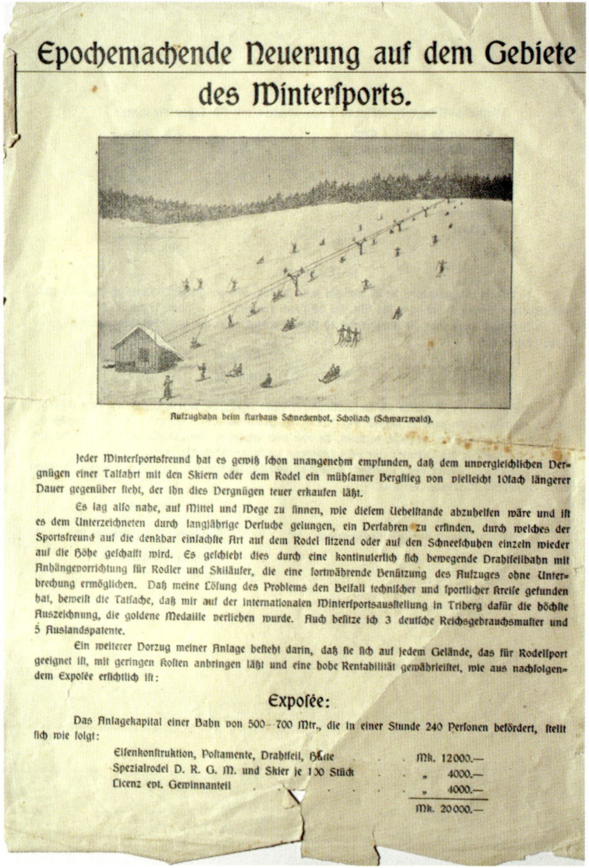
Epochemachende Neuerung auf dem Gebiete des Wintersports.

Aufzugbahn beim Kurhaus Schneckenhof, Schollach (Schwarzwald).

Jeder Wintersportsfreund hat es gewiß schon unangenehm empfunden, daß dem unvergleichlichen Vergnügen einer Talfahrt mit den Skiern oder dem Rodel ein mühsamer Bergstieg von vielleicht 10fach längerer Dauer gegenüber steht, der ihn dies Vergnügen teuer erkaufen läßt.

Es lag also nahe, auf Mittel und Wege zu sinnen, wie diesem Uebelstande abzuhelfen wäre und ist es dem Unterzeichneten durch langjährige Versuche gelungen, ein Verfahren zu erfinden, durch welches der Sportsfreund auf die denkbar einfachste Art auf dem Rodel sitzend oder auf den Schneeschuhen einzeln wieder auf die Höhe geschafft wird. Es geschieht dies durch eine kontinuierlich sich bewegende Drahtseilbahn mit Anhängevorrichtung für Rodler und Skiläufer, die eine fortwährende Benützung des Aufzuges ohne Unterbrechung ermöglichen. Daß meine Lösung des Problems den Beifall technischer und sportlicher Kreise gefunden hat, beweist die Tatsache, daß mir auf der internationalen Wintersportsausstellung in Triberg dafür die höchste Auszeichnung, die goldene Medaille verliehen wurde. Auch besitze ich 3 deutsche Reichsgebrauchsmuster und 5 Auslandspatente.

Ein weiterer Vorzug meiner Anlage besteht darin, daß sie sich auf jedem Gelände, das für Rodelsport geeignet ist, mit geringen Kosten anbringen läßt und eine hohe Rentabilität gewährleistet, wie aus nachfolgendem Exposée ersichtlich ist:

Exposée:

Das Anlagekapital einer Bahn von 500–700 Mtr., die in einer Stunde 240 Personen befördert, stellt sich wie folgt:

Eisenkonstruktion, Postamente, Drahtseil, Hütte	Mk. 12000.–
Spezialrodel D. R. G. M. und Skier je 100 Stück	„ 4000.–
Licenz evt. Gewinnanteil	„ 4000.–
	Mk. 20000.–

ergehen seiner Gäste das höchste Anliegen war. In seinem Schneckenhof, der einst als Nobelhaus mit fließend Wasser für Luxus und Erholung stand und zugleich das erste Haus am Platz war, sollte es den Kurgästen an nichts fehlen. Für seine Erfindung, die »Vorrichtung zum Aufziehen von Schneeschuhläufern, Rodlern auf beschneite Berghänge mittels eines kontinuierlich bewegten Drahtseils« bekam er das Patent. Dem folgten weitere fünf Auslandspatente sowie zwischen den Jahren 1907 und 1909 drei Reichsgebrauchsmuster. Für die internationale Wintersportausstellung 1909/1910 in Triberg schuf er den von einem Elektromotor angetriebenen Lift und erhielt dafür die Goldmedaille vom Prinzen Max von Baden. Doch der Winterspaß via Lift in Schollach war nur von kurzer Dauer. Während des Ersten Weltkrieges wurden die Eisenteile des Lifts zugunsten von Kirchenglocken eingeschmolzen. 1920 baute Winterhalder die Holzmasten ab. Als die Patente frei waren, machten andere seine Erfindung zu Geld. Für die Nachwelt sind der Schneckenhof und die Erinnerung an den außergewöhnlichen Gastwirt Robert Winterhalder geblieben. Auf dem Hof leben inzwischen die nachfolgenden Generationen. Aber nach wie vor kann man dort ruhige, erholsame Tage samt Übernachtung und Verpflegung verbringen und sich die alten Geschichten vom ersten Skilift erzählen lassen. Die ehemalige Talstation steht noch, allerdings hat sich hier mittlerweile das Vieh eingenistet.

Winterbilder aus dem Schwarzwald.
Kurhaus Schneckenhof in Schollach 990 m ü. M. u. der hydrauliche Aufzug
für Rodler u. Skiläufer

Wenn jemanden schon die Fliege an der Wand stört, ist dieser Mensch besonders gereizt. Oder aber er hat ganz einfach zu viele Fliegen im Haus. Dagegen hat das Waiblinger Unternehmen *Aeroxon* etwas – und zwar schon seit 1909.

Erfunden hat den klebrigen Fliegenfänger, der unter dem Markennamen *Aeroxon* verkauft wird, der Konditor und Hustenbonbonproduzent Theodor Kaiser. Er führte in zweiter Generation eine Konditorei am Waiblinger Marktplatz. Klar, dass die Fliegen all die süßen Sachen in der Backstube anziehend fanden. Und klar, dass den gewissenhaften Konditormeister diese Fliegen störten. Weil Kaiser auch Hustenkaramellen produzierte – sie wurden zunächst von Friedrich Gottlob Kaiser, dem Vater des Firmengründers, als »Pflastersteine« verkauft und vom Sohn Theodor zu den heute noch erhältlichen *Kaiser's Brust-Caramellen* verfeinert – kannte man sich im Betrieb mit klebrigen Massen aus. Das brachte Theodor Kaiser auf den Gedanken, eine Substanz zu entwickeln, die

Eine Originalverpackung aus dem Jahr 1913. Seit seiner Erfindung wurde der Fliegenfänger nur in Nuancen verändert.

Fliegen anlockt und an der sie bei Kontakt hilflos kleben bleiben. Mit der industriellen Fertigung dieses Leimfliegenfängers, dessen Kleber hitze- und kältebeständig sowie lagerfähig war, gelang Theodor Kaiser im Jahr 1909 eine Erfindung, die in der ganzen Welt Karriere machte und die bis heute hergestellt wird.

Der *Aeroxon-Fliegenfänger* wird als Stift verkauft, in dessen Innerem sich aufgerollt die Leimfalle befindet. An ihrem Bestimmungsort wird die Fliegenfalle ausgerollt, mit einer Reißzwecke an der Decke befestigt und tut nun zuverlässig ihren Dienst. Die *Aeroxon-Fliegenfänger* wurden rasch zu einem zweiten Standbein neben der Süßwarenproduktion beim »Bomboles-Kaiser«, wie man um Waiblingen herum sagt. Sie sind es bis heute. Um 1900 zählte

die heutige *Fr. Kaiser GmbH* zu den größten Arbeitgebern der Region und beschäftigte zahlreiche Heimarbeiter. 1910 zog die Firma aus der Innenstadt in einen Fabrikneubau in der Bahnhofstraße, wo bis zum heutigen Tag Süßigkeiten produziert werden.

In der Familie des Erfinders kursiert die Anekdote, dass Theodor Kaiser auch während eines Urlaubs zur kühlen Jahreszeit an der französischen Riviera gedanklich stets mit seinem Fliegenfänger beschäftigt war. Er brachte die Hotelangestellten dazu, für ihn Fliegen zu fangen, die er in vorher präparierten Streichholzschachteln mit zurück nach Waiblingen nahm. So konnte er seine Versuche und die Fliegenzucht auch über die Wintermonate fortsetzen, in denen es keine einheimischen Fliegen gab. Das soll ihm im Hotel den Spitznamen »Monsieur l'attrape mouche« (der Herr Fliegenfänger) eingebracht haben. Auch heute noch werden bei *Aeroxon* zu Versuchszwecken – ganzjährig – Fliegen gezüchtet, um die Fliegenfänger weiterzuentwickeln. 1922 wurden schon knapp 20 Millionen *Aeroxon-Fliegenfänger* in Deutschland vermarktet, Mitte des Jahrzehnts begann der Export. Im Jahr 1926 wurden 36 Millionen

Der Bonbonfabrikant Theodor Kaiser erfand einen wirkungsvollen Fliegenfänger.

In den 1930er-Jahren warb man so für den Fliegenfänger.

Fliegenfänger ins Ausland geliefert, und 1928 existierten bereits elf Auslandsniederlassungen, die den weltweiten Bedarf abdecken sollten. 1930, im Todesjahr des Erfinders Theodor Kaiser, lag die Jahresproduktion bei 124 Millionen Fliegenfängern.

Währenddessen war in Waiblingen auch die Herstellung von Bonbons ähnlich rasant gewachsen und waren die drei Tannen zum Markenzeichen geworden. *Kaiser* stellt bis zum heutigen Tag Bonbons her, die nicht einfach gut schmecken, sondern einen zusätzlichen wohltuenden Effekt haben. *Kaiser's Brust-Caramellen mit den 3 Tannen* gehört zu den ältesten Warenzeichen Deutschlands, die Marke wurde 1895 amtlich registriert. Zu Beginn des 20. Jahrhunderts stellte man auch stärkende Malzextrakte und Säuglingsnahrung her, heute produziert man unter anderem Hustenbonbons und wohlschmeckend-wohltuende Bonbons mit japanischer Minze, Salbei oder Sanddorn. Für die *Aeroxon*-Produkte gegen lästige Insekten ist 1969 ein eigenständiges Unternehmen gegründet worden, das seit 1999 *Aeroxon Insect Control GmbH* heißt. Man bietet eine Vielzahl von Produkten gegen fliegende und kriechende Insekten sowie gegen Motten an. Damit ist das Waiblinger Unternehmen der weltweit größte Hersteller von Fliegenfängern und Weltmarktführer in diesem Bereich. Etwa 40 Prozent seines Umsatzes erzielt *Aeroxon* im Exportgeschäft; *Aeroxon*-Produkte werden in mehr als 30 Länder exportiert.

Adieu, ade und lebe wohl könnte es um das Jahr 1912 für panzerähnliche Korsetts und kneifende Büstenhalterkonstruktionen geheißen haben. Im Kampf gegen die natürliche Schwerkraft der weiblichen Brust eroberte der erste seriell und maschinell gefertigte Büstenhalter *Hautana* weltweit die bis dahin abgeschnürten Frauenkörper. Ein anschmiegsames Unterwäschestück aus Trikotstoff, das die Schönheit der Frauen betonte und ohne Längs- und Querstützen auskam. Mit ihm konnten die Damen sogar auf das einst nötige Hemdchen zwischen Halter und Haut verzichten.

Sigmund Lindauer, der vom 23. November 1862 bis 12. Oktober 1935 in Stuttgart lebte, war der erste Fabrikant, der zusammen mit der *Mechanischen Trikotweberei Ludwig Maier & Sohn* in Böblingen Büstenhalter in Serienfertigung schneiderte. Mit seinen industriell hergestellten Waren revolutionierte Lindauer die Welt der Damenunterwäsche. Doch das Unternehmen Lindauer war schon seit 1865 ein Begriff. Damals schneiderte der Vater von Sigmund, Salomon Lindauer, erfolgreich Korsetts und exportierte weltweit. 1890 brachte er das gesetzlich geschützte und bis heute bekannte Warenzeichen *Prima Donna* auf den Markt. Wer jedoch den Ur-BH erfunden hat, darüber ist sich die Fachwelt uneins. Denn weltweit zerbrachen sich seinerzeit die Tüftler die Köpfe über eine Lösung für die einst so beklemmende Wäsche. War es das »Frauenleibchen als Brustträger« aus Dresden, das aus Taschentüchern und verstellbaren Männerhosenträgern bestand? Die französische Version mit Körbchen, der ein geteiltes Korsett zu Grunde liegt? Der »Brusthalter« aus Böhmen? Die romantische amerikanische Version aus Seidentaschentüchern und rosa Bändern? Die Zeit für ein Wäschestück, das elastisch, leicht und nicht einschnürend war und sich direkt auf der Haut tragen ließ,

Durchscheinende Materialien, neue Ideen, mutige Schnitte. Auch die Unterwäsche unterliegt modischen Trends, wie dieses Detail aus einem Werbeplakat aus dem Jahr 1965 zeigt.

Um das Jahr 1890 zwängten sich Frauen noch in enge Miederwaren.

war in Stuttgart um 1912 gekommen. Sigmund Lindauer nutzte sein Wissen, sein ausgeklügeltes Marketingkonzept und damit seine Chance. Er entwickelte den BH *Hautana*, der auch aufgrund Lindauers durchdachtem Marketing rund um den Globus Karriere machte. Die Bezeichnung »hautnaher Brusthalter«, die letztlich zum Namen *Hautana* führte, beschreibt das angenehm zu tragende Stoffstück aus heutiger Sicht recht treffend. Der BH bedeckte züchtig, was zu bedecken war, und wirkte weder aufreizend noch schmeichelnd. Vielmehr praktisch, unaufgeregt und bieder. Für die Frauen war das kleine Stück Stoff eine Sensation. Eine Befreiung. Eine Erfolgsgeschichte. Die Mediziner jubelten. Der BH löste das für ungesund erklärte Korsett ab. Der Stuttgarter Büstenhalter gab der weiblichen Brust auch ohne Stützen behutsam Form und Halt.

Doch das letzte Wort in Sachen Bruststütze war mit *Hautana* noch nicht gesprochen. In den folgenden Jahrzehnten erlebten die Frauen noch manchen Trend um die BHs. In den 1940er- und 1950er-Jahren galten spitzförmige Büstenhalter, wie sie in Hollywood getragen wurden, als modern. In den 1970er-Jahren entledigten sich im Rahmen der Büstenhalterbefreiung Scharen von Frauen gänzlich ihrer formenden Wäschestücke. Das große Comeback der BHs erfolgte in den 1980er-Jahren. Erlaubt ist seitdem alles, was bedeckt, stützt, betont sowie, wenn nötig, auspolstert, wo es an natürlicher Masse fehlt. Ganz egal ob hauchdünn oder transparent, aus Spitze oder Baumwolle, sportlich, praktisch, pflegeleicht, luxuriös oder bunt. Sigmund Lindauer trug mit seinem Vorstoß, dem »hautnahen Brusthalter« und der industriellen Fertigung ganz wesentlich dazu bei, dass sich die Damenwelt seit über 100 Jahren nicht mehr in Schnürmieder zwängen muss.

Die Firma wurde 1990 an den belgischen Dessous-Hersteller *Van de Velde* verkauft. Die Marke *Prima Donna* gibt es heute noch.

Die Cannstatter Korsettfabrik *S. Lindauer & Co.* wurde mehrmals umbenannt. Sie hieß auch *Hautana* und *Prima Donna*.

Wo anders als im Land der Häuslebauer, also in Baden-Württemberg, könnte das Bausparen erfunden worden sein? Tatsächlich hat der gebürtige Ostpreuße Georg Kropp in einem kleinen Dorf namens Wüstenrot auf den Höhen des Mainhardter Walds im Jahr 1921 das kollektive Bausparen aus der Taufe gehoben.

Der 1865 geborene Georg Kropp war Bodenreformer, praktizierender Christ und strikter Gegner des Alkoholgenusses.

Die *Gemeinschaft der Freunde Wüstenrot* war in dieser Form des Bausparens ein Novum in Deutschland, und dieser Bauspargedanke verbreitete sich von Wüstenrot aus viel weiter und erfolgreicher als vergleichbare Ideen, die es in anderen Ländern bereits gegeben hatte. Im Grunde genommen ist der Bauspargedanke simpel: Wenn das Vermögen eines Einzelnen nicht ausreicht, um Grund und Boden sowie ein darauf gebautes Eigenheim zu erwerben, so können doch viele Einzelne ihre kleinen Vermögen zusammenlegen, um ein erstes Haus zu bauen. Mit dem weiter Angesparten wird dann ein nächstes Haus gebaut – und so weiter, bis am Ende alle im eigenen Heim wohnen. Zwar gab es zu dieser Zeit bereits Baugenossenschaften und alternative Modelle zur Schaffung von Wohnraum, doch versuchten diese, auf andere Weise Kapital zu mobilisieren. Der Gedanke, Menschen zusammenzubringen, die gemeinsam auf ihr jeweiliges Eigenheim sparen, wurde von Wüstenrot aus verbreitet.

Die Idee zum Bausparen im heutigen Sinne ist buchstäblich aus der Not geboren, und sie wäre beinahe auch gleich wieder der Not zum Opfer gefallen. Der 1865 geborene gelernte Drogist, Werbetexter und Redakteur Georg Kropp – er war nebenbei methodistischer Laienprediger und Verfechter der Alkoholabstinenz – hatte sich bereits seit Anfang des 20. Jahrhunderts mit der Frage beschäftigt, wie man möglichst vielen Menschen zum persönlichen Eigentum an Grund und Boden verhelfen könne. Nach dem Ende des Ersten Weltkriegs bekam diese Frage besondere Brisanz, denn Wohnraum war knapp, die Bauwirtschaft lag am Boden, und die Menschen, die sich nicht vom eigenen Land ernähren konnten, hungerten. Georg Kropp, der damals in Heilbronn arbeitete, hatte 1919 in dem abgelegenen Dorf Wüstenrot ein kleines Haus mit etwas Land gekauft. Dort erarbeitete er seine Bausparidee mit dem Ziel eines Eigenheims für jedermann und warb um Mitstreiter für seine *Gemeinschaft der Freunde* – sie war zwar von seinen christlichen Grundsätzen geprägt, sollte aber weltanschaulich neutral sein. Im Mai 1921 wurde in einem Stuttgarter Hospiz – unter konsequenter Alkoholabstinenz – der gemeinnützige Verein mit dem von Georg Kropp vorgeschlagenen Namen gegründet. In Paragraph 1 der Satzung stand dort: »Die Gemeinschaft der Freunde ist ein Verein, der

Bescheidene Anfänge: So sah das erste von der *Bausparkasse Wüstenrot* finanzierte Eigenheim aus.

So warb die Bausparkasse, die noch »Gemeinschaft der Freunde« hieß, in den frühen 1930er-Jahren.

auf rein gemeinnütziger, bodenreformerischer Grundlage die Schaffung von Wohngelegenheiten und Altersheimen für die Allgemeinheit erstrebt.«

Kaum ein halbes Jahr nach Vereinsgründung und der Anwerbung erster Mitglieder stand Deutschland die erste große Inflation ins Haus. Keine Chance, den Vereinszweck zu erfüllen, weshalb Kropp und seine Mitarbeiter die bereits eingegangenen Spargelder – teils aus eigenem Vermögen – zurückzahlten und beschlossen, auf bessere Zeiten zu hoffen. Die schienen im Frühjahr 1924 gekommen, als man den Verein erneut ins Leben rief und Kropps Haus in Wüstenrot über Nacht zur Zentrale der *Bausparkasse der Gemeinschaft der Freunde* wurde. Als gelernter Journalist begann Kropp die Zeitschrift *Mein Eigen-Heim* herauszugeben, die von der *Bausparkasse Wüstenrot* bis heute unter diesem Titel – in angepasster Rechtschreibung – vertrieben wird. In der Zeitschrift platzierte Kropp den programmatischen Aufruf: »Jeder Familie ein eigenes Heim.« Die ersten Bausparer stellten sich rasch ein, bis zum Jahresende 1924 waren es etwa 1000. 1925 stießen fast 10 000 Neumitglieder zur Bausparkasse, und Wüstenrot wurde in Württemberg zu einem populären Beispiel für »Hilfe durch Selbsthilfe«. Anfangs wurden die Sparer in Gruppen zusammengefasst; innerhalb der Gruppe entschied dann das Los, welches Mitglied zuerst das Kapital für den Bau eines Eigenheims zugeteilt bekam. Noch in den 1920er-Jahren wurden dann mathematische Methoden zur gerechten Zuteilung der Darlehen entwickelt. Der Erfolg sprengte schon bald den Rahmen des kleinen Dorfs Wüstenrot. Gegen den Willen Georg Kropps, der den Wandel von einem kleinen, christlich motivierten Selbsthilfeverein zu einem Wirtschaftsbetrieb nicht mittragen wollte, beschloss der Aufsichtsrat 1928 – mittlerweile hatten 40 000 Sparer ihr Geld bei der *Bausparkasse Wüstenrot* – den Umzug in eine neue Firmenzentrale nach Ludwigsburg. Aktuell sparen bei der *Bausparkasse Wüstenrot* 3,5 Millionen Kunden auf die eigene Immobilie. 10 000 Kunden jährlich finanzieren ihr neues Haus oder ihre neue Wohnung mit einem Darlehen der Bausparkasse. Das dazu erforderliche Auszahlungsvolumen liegt bei etwa fünf Milliarden Euro.

Bauspar-Museum Wüstenrot,
Haller Straße 3,
71543 Wüstenrot,
Telefon (07141) 16 36 41,
www.bauspar-museum.de

Das Georg-Kropp-Haus in Wüstenrot war die erste Firmenzentrale der neu gegründeten Bausparkasse.

1921 | Bulldog

Der Name Bulldog war lange Zeit als Synonym für Traktor geläufig, so wie Tempo für Papiertaschentuch oder Vim für Scheuermittel. Mit dem Lanz Bulldog hat der Erfinder und Konstrukteur Fritz Huber den Grundstein für die Motorisierung der Landwirtschaft gelegt.

Ein aktueller 240-PS-Traktor der Marke *John Deere*.

Gegenüberliegende Seite: Präsentation des ersten *Bulldog* im Jahr 1921.

Traktoren hatte es bereits vor dem Bulldog gegeben – es waren schwere Zugmaschinen, daher auch der Name, der sich vom lateinischen *trahere* (ziehen) ableitet. Angetrieben wurden die schweren Maschinen bis zur Verbreitung der Verbrennungsmotoren mit Dampf. Es ist weitgehend in Vergessenheit geraten, dass das 19. Jahrhundert eine Dampf-Ära war: Dampfmaschinen trieben Fabriken an – es gab Dampfbrauereien, Dampfbäckereien, dampfbetriebene Sägewerke – stationäre Dampfmaschinen erzeugten Strom, und selbstverständlich dampfte es überall auf Schienen und Flüssen. Dampfmaschinen waren groß und schwer, weshalb die Dampftraktoren sich zwar zum Ziehen und zum Antrieb von Aggregaten wie Dreschmaschinen eigneten, nicht aber zum Bearbeiten von Feldern: Sie hätten den Boden zu sehr verdichtet oder wären einfach eingesunken.

Die Erfindung des Verbrennungsmotors, speziell die des selbstzündenden, ölgefeuerten Motors, hat Traktoren im heutigen Sinne und die flächendeckende Motorisierung der

HEINRICH LANZ
HEINRICH
LANZ
Vorführungsfeld
Güntzstrasse
LANZ
LANZ

Landwirtschaft erst möglich gemacht. Denn die Dampftraktoren hatten neben den Gebrauchsnachteilen einen weiteren Makel: Sie waren so teuer, dass nur große landwirtschaftliche Betriebe sich die Anschaffung einer eigenen Lokomobile – so wurden Dampfmaschinen, die Geräte antrieben, ebenfalls genannt – leisten konnten. Meist mietete man die Maschinen tage- oder stundenweise und war daher zeitlich unflexibel. Die *Heinrich Lanz AG* in Mannheim, unter deren Dach der *Bulldog* erfunden wurde, hatte selbst seit 1879 Dampfmaschinen für die Landwirtschaft gebaut. Das erste angebotene Gerät war eine Dreschmaschine mit zugehöriger – von Pferden gezogener – Lokomobile zum Antrieb der Maschine. Die späteren Lokomobilen waren selbstfahrend. 1885 hatte Lanz bereits 1000 Dampfdreschgarnituren gebaut, 1900 verkaufte man die 10 000. Dampfmaschine made in Mannheim, und 1910 stellte man die 25 000. Lokomobile mit 1000 PS Leistung vor – die damals größte Maschine ihrer Art weltweit.

Die Entwicklung der neuartigen Verbrennungsmotoren beobachtete man bei *Lanz* aufmerksam, doch zeigte die Frühzeit des Automobils, dass die zeitgenössischen Benzinmotoren noch wartungsbedürftig und störanfällig waren – also für den rauen Alltag der Landwirtschaft nicht unbedingt geeignet. Dennoch bot *Lanz* schon 1912 eine erste Zugmaschine mit Benzinmotor an – sie wurde vor allem in Kombination mit einer Bodenfräse eingesetzt. Auch *Ford* brachte in den USA im Jahr 1916 benzinbetriebene Traktoren auf den Markt, doch erst der 1921 vorgestellte erste *Lanz Bulldog* bereitete mit seinem robusten und sparsamen Rohöl-Selbstzündermotor der Motorisierung der Landwirtschaft den Weg. Die Entwicklung des Glühkopfmotors, der dem *Bulldog* zu einer Weltkarriere verhalf, hatte bereits 1916 begonnen, war aber wegen des Ersten Weltkriegs ins Stocken geraten. Als Vater des *Bulldogs* darf der Ingenieur Fritz Huber gelten. Karl Lanz, der die *Heinrich Lanz AG* in zweiter Generation führte, gab ihm 1916 grünes Licht für die Entwicklung eines Glühkopfmotors zum Antrieb von landwirtschaftlichen Zugmaschinen. Fritz Huber ist mit dem Satz überliefert: »Der Motor für die Landwirtschaft kann gar nicht einzylindrig genug sein. Notfalls muss er mit der Mistgabel zu reparieren sein.« Was er damit meinte: Nur ein Zylinder plus die benötigten Nebenaggregate ist die einfachste und preiswerteste Art, einen Motor zu bauen. Der Glühkopfmotor, bei dem sich der zugeführte Kraftstoff an einer erhitzten Glühnase selbst entzündet, ist extrem robust und kann mit nahezu jeder Art von Öl betrieben werden. Und nicht zuletzt war um 1920 die Landwirtschaft von Handarbeit beherrscht und kaum technisiert. Man konnte bei den Benutzern der *Bulldogs* kaum technisches Verständnis voraussetzen – die Maschinen mussten quasi von selbst funktionieren. Das tat der *Bulldog*, den man meist bei Arbeitspausen gar

Gegenüberliegende Seite: Ein früher *12-PS-Bulldog* beim Mähen.

Der Vater des *Bulldog*, Fritz Huber, am Zeichenbrett.

nicht abschaltete – weil das erneute Vorglühen zeitraubend war –, sondern ihn im Leerlauf gemütlich vor sich hin tuckern ließ.

Seinen Namen hat der *Bulldog* von der Form seines Zylinderkopfs, der mit einer Heiz- oder Lötlampe vorgewärmt wurde. Die rundliche Schutzkappe mit den Entlüftungslöchern, die man sich als Augen vorstellen konnte, erinnerte an den Schädel einer Bulldogge. Die ersten funktionierenden *Bulldog*-Motoren waren noch Stationärmotoren auf Fahrgestellen, die von Pferden gezogen wurden. 1921 stellte *Lanz* dann auf der Ausstellung der Deutschen Landwirtschaftsgesellschaft in Leipzig den ersten *Bulldog*-Schlepper mit eigenem Antrieb und einem wenig bequemen Blechsitz für den Fahrer vor. Dieser erste *Bulldog* leistete zwölf PS. Bald gab es ihn auch als *Eisenbulldog* mit Eisenrädern für die Feldarbeit, als *Verkehrsbulldog* mit Vollgummirädern und als *Schienenbulldog* für den Einsatz bei landwirtschaftlichen und industriellen Feldbahnen.

Fritz Huber, der *Bulldog*-Konstrukteur, beschäftigte sich seit etwa 1900 mit der Entwicklung von Zwei- und Viertaktmotoren für Ölbetrieb. Glühkopfmotoren faszinierten ihn, weil man sie auch noch mit den billigsten, im eigenen Land hergestellten Kraftstoffen betreiben konnte – bis hin zu Fischtran. Huber feierte 1941 sein 25-jähriges Jubiläum bei *Lanz* und starb 1942 an einer Krankheit. Kurz danach lief in Mannheim der 100 000. *Bulldog* vom Montageband. Als 1956 die US-amerikanische *Deere & Company* die Aktienmehrheit an der *Heinrich Lanz AG* erwarb, war just der 200 000. *Lanz-Bulldog* hergestellt worden.

Beim Tischspiel aus dem Schwarzwald-Baar-Kreis liefern sich die eisenharten Minikicker per K(n)opfdruck und starkem Schussbein ein Match auf grünem Filz. Nur eines passt nicht so recht in die klassische Welt des Fußballs: Der Ball ist in diesem Spiel nicht rund, muss aber trotzdem ins Eckige.

Hinter dem weltweiten Erfolg und über sechs Millionen verkauften *Tipp-Kick*-Figuren stecken zwei Väter. Der Stuttgarter Möbelfabrikant Karl Meyer und der Schwenninger Exportkaufmann Edwin Mieg. Das 1921 beantragte und 1924 datierte Patent auf ein »Fußballbrettspiel mit Aufstellfiguren, deren Füße Stoßbewegungen ausführen können«, wurde einst auf Karl Meyer ausgestellt, der es jedoch mangels eigener Umsetzung verkaufte. Edwin Mieg interessierte sich für Meyers Spielidee, kaufte das Patent und entwickelte die kleinen, durchtrainierten und noch leichten Blechfiguren zur Marktreife weiter.

Zur besseren Standfestigkeit setzte Edwin Mieg im Jahr 1925 bei den Spielern mit dem Knopf auf dem Kopf auf das schwerere Material Blei. Ein Jahr später fuhr er mit seiner bunten Bleitruppe samt Korkbällen und Toren aus Blumendraht auf die Leipziger Spielwarenmesse. Da seine Mittel knapp waren, verzichtete er auf einen Stand und pries seine Kicker mitsamt Zubehör selbstbewusst vor der Messe an. Erfolgreich, wie sich zeigte. Mehrere hundert Spiele brachte er so unter das Volk. Ab 1938 purzelten die gegossenen Fußballer aus dem eigenen Fabrikgebäude in Schwenningen. Statt Blei verarbeitete er nun Zink. Noch heute sind die Figuren handbemalt. Sie tragen nach wie vor die Frisur von einst und trotzten so mancher Modeerscheinung auf Fußballerköpfen. Als Edwin Mieg 1948 starb, übernahmen seine Söhne Peter und Hansjörg das Familienunternehmen und erlebten im Weltmeisterschaftsjahr 1954 einen rekordverdächtigen Aufschwung. Allein in jenem Jahr gingen 180 000 Spiele über den Ladentisch. Die Nation befand

Edwin Mieg setzte bis 1938 für die bessere Standhaftigkeit der Kicker auf das schwere Material Blei.

sich im Fußballfieber. Zur gleichen Zeit bewachte die Neuerung, der Torwart »Toni«, anstatt wie bislang breitbeinig zu knien, stehend das Tor und konnte per Kopfdruck nach rechts oder links fallen. Als »Star-Keeper« und Weiterentwicklung hechtete er ab 1982 sogar nach vorne. Die Bälle und Tore waren fortan aus Kunststoff. Mit dem Start der Fußballbundesliga 1963 stieg das Familienunternehmen zusätzlich in die Fertigung von *Tipp-Kick*-Mannschaften ein. Auf der Verpackung der Spiele fand sich ein noch unbekannter Nachwuchsfußballer: der spätere »Bomber der Nation«, Gerd Müller. Doch schon bald zeigten sich Freud und Leid der großen Fußballgemeinde auch in den Umsatzzahlen der *Tipp-Kicker*. Die Hersteller machten ungewollt jede Fußballkrise mit. Mit jedem Skandal sank der Absatz. Mit jedem Titelgewinn stieg er wieder an. Das Spiel mit List und Tücke, Fingerspitzengefühl und Konzentration ging in den 1990er-Jahren

mit Mathias und Jochen Mieg in die dritte Generation.

Sowohl Macher als auch Spieler bezeichnen das Schießen mit den Kickern auf der grünen Matte als Wissenschaft, mitunter sogar als Kunst für sich und das von Anfang an. Denn abhängig vom Winkel des gelenkigen rechten Fußes und der Stärke des Antippens auf den Spielerkopf, entscheidet sich der Erfolg. Ganz pfiffige Spieler feilen sich deshalb den Schussfuß zurecht. Erkenntnisse wie: »Je kürzer der Fuß, desto gradliniger und genauer«, animieren darüber hinaus zur individuellen Modifikation der Kicker. Ungewöhnlich ist der Ball, der noch nie rund, sondern schon immer zwölfeckig und dazu zweifarbig war. Damit es beim Spiel pro Gegner mit je einem *Tipp-Kick*-Feldspieler und einem Torwart nicht zu Streitereien kommt, ordnen 16 Spielregeln die Partie. Den ersten Verein für *Tipp-Kicker* gibt es seit 1938. Richtig professionell und in zwei Halbzeiten à fünf Minuten geht es seit 1959 bei den *Tipp-Kick*-Meisterschaften zu.

Übrigens haben es die konditionsstarken, unverwundbaren *Tipp-*

Der Schwenninger Exportkaufmann Edwin Mieg kaufte die Spielidee und das Patent um die Kicker von Karl Meyer.

Gegenüberliegende Seite: Für die Nation im Fußballfieber tragen die Tipp-Kicker auch das Nationaltrikot.

Die Tore, die anfangs aus Blumendraht gefertigt waren, wurden von Anfang an vom Keeper Toni bewacht.

Der Ball, damals noch aus Kork, ist heute aus Kunststoff.

Kicker geschafft, sich als Identitätsfigur aus Baden-Württemberg zu behaupten. Das doppeldeutige Motto des Anzeigenmotivs in Zeitungen anlässlich der Kampagne zur Fußball-WM 2006 in Deutschland war: »Das kostbarste Kapital eines Landes sind seine Köpfe.« Abgebildet war ein *Tipp-Kicker* samt Drücker auf dem Kopf.

Die prickelnde Geschichte einer süß-sauren Leidenschaft, der Erfindung des Brausepulvers, beginnt im Jahr 1925 in Stuttgart. Bis heute blubbert die Entdeckung von Theodor Beltle, der am 27. Februar 1886 in Stuttgart geboren wurde, auf einer Nostalgiewelle weiter. Der Limonadengrundstoff, der sich zusammen mit Wasser in ein belebendes und durststillendes Erfrischungsgetränk verwandeln lässt, war seinerzeit eine willkommene, erschwingliche Alternative zur echten Limonade.

Doch zunächst bestand die Urform der Brause aus zwei separat in Silberfolie verpackten Tabletten. Kam Wasser als dritte Zutat hinzu, entwickelte sich eine sprudelnde Gischt. Die zischende Trinkbrause, wahlweise in der Geschmacksrichtung Orange oder Zitrone, war bei Groß und Klein begehrt. Verantwortlich für die schäumende Reaktion sind damals wie heute die Hauptzutaten Natriumhydrogencarbonat und Weinsäure in Verbindung mit Wasser. Die entstehende Kohlensäure sorgt für das beliebte Prickeln. Die weiteren Ingredienzien Zucker, Aroma- und teilweise Süßstoffe geben die Süße, die Farbe und den Geschmack.

Zusammen mit seinem Schwager, Robert Friedel, gründete der rastlos tätige und für neue Ideen aufgeschlossene Theodor Beltle in Stuttgart das Unternehmen *Robert Friedel GmbH*. Seit den 1950er-Jahren bis heute erscheinen die Produkte unter der Bezeichnung *Frigeo*. Auf den Werbebotschaften protzten schon bald die Aussagen: »Wunderbar schmeckt Wasser mit *Frigeo*«, »Das Hausgetränk für Jedermann«, »schnell bereitet« oder »köstlich, wohlschme-

Die ersten Geschmacksrichtungen der Brause waren Zitrone und Orange. Von Anfang an mit dabei war der kleine Matrose, der noch heute die Packungen ziert.

Der Prickelspaß im Glas war vor allem im Sommer als Erfrischungsgetränk sehr beliebt.

ckend und bekömmlich«. Ebenso wie der prickelnde Brausespaß hat sich über die vielen Generationen auch der auf der Verpackung aufgedruckte, eine Ahoj-Fahne schwenkende Matrose gehalten. Der Kaufmann Theodor Beltle hatte nicht nur das Brausepulver erfunden, sondern auch schon früh die Vorteile einer dazugehörigen attraktiven Verpackung erkannt. Die Entwürfe für den bis dato aktuellen Werbeträger, den blauen Matrosen, stammen vom kreativen, geschäftstüchtigen Beltle persönlich.

Für eine Portion des sprudelnden Abenteuers, das Volksgetränk in Trockenform, investierten die Genießer einst einen Pfennig. Anfang der 1930er-Jahre schaffte es Beltle, die Brause in Pulverform herzustellen und verpackte diese fortan in kleine Beutel. Er ergänzte sein beliebtes Angebot mit den Geschmacksrichtungen Himbeere und Waldmeister und schuf so das klassische Brausequartett. Obwohl die Brause ein Saisonprodukt war, benötigte das Unternehmen schon bald größere Produktionsmöglichkeiten und kaufte 1932 eine Schokoladenfabrik in Bad Cannstatt. 1937 starb der Geschäftspartner und technische Leiter Robert Friedel. In den Kriegsjahren musste Beltle aufgrund des Mangels an Weinsäure die Brauseproduktion vorübergehend einstellen, überbrückte die Zeit aber mit der Herstellung von Puddingpulver und Backzubehör. Doch die Brausefans hatten das Pulver mit der durststillenden Wirkung nicht vergessen. Bereits 1948

Ein Beutel *Frigeo-Ahoj-Brause* kostete den Endverbraucher anfangs zwei und später fünf Pfennige. Mit dabei war auch ein Trinkhalm.

Pfiffige Postkartenwerbung für die günstige und wohlschmeckende Alternative zur Limonade.

lief die vielfältige Produktion wie in alten Zeiten. Als der Brauseerfinder Theodor Beltle ein Jahr später starb, übernahmen seine Söhne Robert und Theodor den Betrieb und zogen 1953 in ein modernes Produktionsgebäude in Geradstetten, heute ein Ortsteil von Remshalden, um. Das Brauselimonadenpulver schaffte es in den 1960er-Jahren sogar auf eine Expedition in das Himalaya-Gebiet, wo es werbewirksam für die sprudelnde Stärkung der Bergbezwinger aufkam. Bis heute sorgt das Werk in Remshalden, das seit 2002 zum *Katjes*-Konzern gehört, für vielfältigen Brausespaß.

Was früher als Süßigkeit, Limonaden- und Backpulverersatz, Pfennigware und Armeleuteprodukt galt, Ameisenwanderungen den Garaus machte, Magensäure im Zaum hielt und dazu in jede noch so kleine Tasche passte, ist heute Nostalgie, Naschwerk und Kult zugleich. Die Freude am Prickeln ist geblieben. Wobei die Vorlieben bei der Art des Genießens variieren. Während die einen das Pulver noch traditionell mit Wasser auflösen, schlecken es andere aus der Handkuhle oder vermischen es mit Alkohol. Nur einer, der fand und beschrieb einen ungewöhnlichen wie erotischen Weg der Nascherei: Günter Grass in seinem Roman »Die Blechtrommel«. Dort schüttet das Bürschlein Oskar das Himbeerbrausepulver in den Bauchnabel seines Kindermädchens, vermischt es mit seinem Speichel und genießt den sprudelnd, süß-sauren Vulkan auf seine Art.

Waldarbeit, Holzernte und die Weiterverarbeitung waren nicht immer so unproblematisch, sicher und komfortabel wie heute. Wer Anfang des 20. Jahrhunderts ins Holz ging, legte entweder kräftezehrend mit Axt und Zug-Säge Hand an oder mühte sich mit monströsen, stationären Sägemaschinen ab.

Aber nur so lange, bis der am 10. November 1896 in Zürich geborene Andreas Stihl sich der körperlichen Schufterei rund ums Holz annahm und auf eine motorisierte wie transportable Unterstützung setzte. Doch zunächst besuchte Andreas Stihl die Volksschule, im Anschluss die Realschule und das Gymnasium. Im Ersten Weltkrieg musste Stihl an die Front. Mehrmals verwundet, 1916 schwer, konnte er 1917 noch vor Kriegsende das Militär verlassen. Er studierte Maschinenbau und beendete das Studium mit dem Staatsexamen als Ingenieur. Fortan war er unter anderem als Sachverständiger für Dampfmaschinen in Sägewerken tätig. Vor Ort bekam er einen Eindruck von der schweren Arbeit, die mit dem Holz einhergeht. Bei ihm entstand die Idee einer tragbaren Motorsäge. Eine Säge, die gut funktionierte, belastbar und handlich war. Eine Säge, die die Arbeit erleichterte und zudem wirtschaftlicher machte. Zunächst übernahm er in seinem Einmannbetrieb neben der Konstruktion von Niederdruckdampfkesseln, dem Handel mit Holzbearbeitungsmaschinen und Lokomobilen auch die Bezirksvertretung der Rinco-Sägen. Der Vertrieb der knapp 40 Ki-

Eine Motorsäge erleichtert schwere Arbeit ungemein.

logramm schweren Zweitakter mit einer Dauerleistung von 5,5 PS bei 175 Kubikzentimetern Hubraum brachte jedoch nicht den erwünschten Erfolg. Stihl stellte den Vertrieb wieder ein und widmete sich in der kleinen Werkstatt fortan den Vorfeuerungen für Dampfkessel. Die Idee einer eigenen Säge, zunächst mit Elektroantrieb, verfolgte er zielstrebig weiter. Seine Säge, die 1927 auf den Markt kam, verfügte über einen Drehstrommotor mit drei Kilowatt und wog je nach Länge der Führungsschienen zwischen 45 und 53 Kilogramm. Im Angebot waren Dreilaschensägeketten, die Schnittlängen zwischen 60 und 120 Zentimeter ermöglichten. Im Motorrad mit Seitenwagen reiste der Verkäufer samt stattlicher Säge zur kritischen Kundschaft in die Sägewerke. Vor Ort konnte die Stihl'sche Kettensäge meist überzeugen und hinterließ zur Freude der Sägewerkbesitzer bergeweise fertig gesägtes Kleinholz.

Es folgten kleinere und leichtere Modelle, auch mit Gleichstrommotor. Parallel tüftelte Andreas Stihl bereits an seiner Benzinmotorsäge. Sein Hauptaugenmerk richtete sich auf den Motor, der leicht, aber leistungsfähig sein sollte. Die Geburtsstunde seiner ersten tragbaren Benzin-Motorsäge bescherte 1929 dem glücklichen Stihl zunächst eine abgasgeschwängerte Werkstatt sowie neue technische Herausforderungen. Doch es folgte auch ein florierendes Geschäft im In- und Ausland. Stihl kam bei steigender Nachfrage mit der Produktion kaum hinterher. »Man riss uns die Maschinen aus der Hand«, berichtete er. Und das ungeachtet des Gewichts von stolzen 63,5 Kilogramm bei einer Leistung von 7,5 PS! Für den Arbeitseinsatz waren zwei starke Männer nötig. Andreas Stihl optimierte die Sägen, verringerte das Gewicht und steigerte die Leistung. In der Weltwirtschaftskrise forcierte

Firmengründer Andreas Stihl mit der legendären Motorsäge *Stihl Contra.*

Gegenüberliegende Seite: Die Zweimann-Benzinmotorsäge *BDKH* im Einsatz.

Kriegs- und Nachkriegszeit: Die Montage des Typs *BL,* der ersten Einmannmotorsäge der Welt.

Gegenüberliegende Seite: Die Werkseinfahrt in der Hallstraße in Bad Cannstatt.

er das Exportgeschäft vor allem in holzverarbeitende Nationen wie Amerika und Russland. Die kritische Zeit in der Heimat überbrückte er mit dem Bau der *Stihl Motorwaschmaschinen.*

Erst 1932 trat die Säge wieder in den Vordergrund. Zunächst eine Zweimann-Kleinsäge mit Schwungmagnetzünder, dann die erste Einmann-Motorsäge Modell *Liliput* mit einer Leistung von 1,5 PS und einem Gewicht von 25 Kilogramm. Nun ging es Schlag auf Schlag. Stichworte sind die schwenkbare Sägeeinrichtung für waagerechte und senkrechte Schnitte, Schärfgeräte für Ketten, die automatische Kettenschmierung und die Fliehkraftkupplung. Mit Motorsägen-Lehrgängen und dem »Einsatz am Baum« sowie dem ausschließlichen Vertrieb über den servicegebenden Fachhandel arbeitete sich *Stihl* wieder an die Weltspitze. Die Waschmaschinen verschwanden aus dem Sortiment. Die Kettensägen hatten im schwäbischen Traditionsunternehmen fortan oberste Priorität. Am 14. Januar 1973 starb der Erfinder der *Stihl*-Sägen, Andreas Stihl, in Rohrbronn. Das Familienunternehmen mit Stammsitz in Waiblingen – das einst aus einem Stuttgarter Einmannbetrieb mit unternehmerischem Mut und Durchhaltevermögen entstand – entwickelt, fertigt und vertreibt bis dato motorbetriebene Geräte für die Forstwirtschaft, Landschaftspflege und Bauwirtschaft. Seit 1971 ist *Stihl* die meistverkaufte Motorsägenmarke weltweit.

A. STIHL MASCHINENFABRIK
IIIA-100627

1930 | Schwarzwälder Kirschtorte

Sie ist die mit Abstand beliebteste Torte der Deutschen, und jede Konditorei, die etwas auf sich hält, hat sie im Programm. Wo sie wirklich herkommt, lässt sich nicht mit letzter Sicherheit klären, doch eines ist höchst wahrscheinlich: Sie ist nicht im Schwarzwald erfunden worden.

Im Café Walz in der Tübinger Altstadt soll die Kirschtorte ihren Ursprung haben.

Gegenüberliegende Seite: So muss der Tortenklassiker sein – mit Schokobiskuit und viel Sahne.

Die Spekulationen beginnen schon beim Namen. Wieso eigentlich Schwarzwälder Kirschtorte? Weil sie mit einem guten Schuss Schwarzwälder Kirschwasser aromatisiert werden muss? Gut möglich. Weil die Kirschen in der Torte von Obstwiesen zu Füßen des Schwarzwalds stammen sollten? Eher nicht. Weil die drei prägnanten Farben der Torte – Weiß, Schwarz und Rot – an die Farben der traditionellen Schwarzwälder Frauentracht erinnern und deren Bollenhut zudem an Kirschen? Interessanter Gedanke. Oder

ist es der Überzug aus hauchdünn geraspelter, dunkler Zartbitterschokolade, der an den Schwarzwald erinnern könnte? Man weiß es nicht.

In den einschlägigen Lehrbüchern für Konditoren taucht eine Schwarzwälder Kirschtorte erstmals 1934 auf, was die Vermutung nahelegt, erste Exemplare dieser Torte seien um 1930 in der Auslage einer Konditorei zu sehen gewesen. Viel spricht dafür, dass es die Auslage des Cafés Walz in Tübingen war, das in jenen Jahren vom Konditormeister Erwin Hildenbrand geführt wurde. Recherchen des Tübinger Stadtarchivs haben ergeben, dass das Café Walz wohl 1930 erstmals eine Schwarzwälder Kirschtorte angeboten habe. Zwei Jahre später hat Erwin Hildenbrand, ein sehr experimentierfreudiger und innovativer Vertreter seines Fachs, seine Tortenkreation auf einem Landeskonditorentag vorgestellt. 1934 ist dann das Rezept erstmals in einem Lehrbuch erschienen, und aus dem Jahr 1936 ist ein Foto erhalten, das Erwin Hildenbrand zusammen mit einer seiner Schwarzwälder Kirschtorten zeigt. Ältere Fotos oder Rezepte dieser Torte sind nicht bekannt. Für Erwin Hildenbrand als Erfinder spricht auch, dass er vor seiner Tübinger Zeit in Freudenstadt und Furtwangen gearbeitet hat und sich vielleicht dort die Inspiration bei einem regionalen Dessert geholt hat: Man servierte im Schwarzwald gerne eingelegte Kirschen mit Schlagsahne und für die Erwachsenen mit einem Schuss Kirschwasser.

Für die These der relativ späten Erfindung der Schwarzwälder Kirschtorte spricht auch, dass eine

gute Kühlung Voraussetzung für ihre Herstellung und Aufbewahrung ist. Entsprechende elektrisch betriebene Kühlmöglichkeiten gab es vor den 1930er-Jahren praktisch nicht. Es kursiert auch die Version, der Konditor Josef Keller habe einen Vorläufer der Schwarzwälder Kirschtorte schon 1915 in einem Bad Godesberger Café erfunden und sie 1927 erstmals in voller Schönheit hergestellt. Josef Keller stammte aus Riedlingen in Oberschwaben und führte von 1919 an ein Café in Radolfzell am Bodensee. Welcher Version man auch Glauben schenken mag – die Schwarzwälder Kirschtorte ist eindeutig eine Erfindung eines Konditors aus Baden-Württemberg.

Die erste Lehrbuchbeschreibung der Schwarzwälder Kirschtorte von 1934 hat übrigens mit unserer heutigen Vorstellung dieser Torte noch nicht viel zu tun. Basis war ein Haselnussmürbteig, auf den eine Lage Walnussbiskuit, eine dicke Schicht Buttercreme, eine weitere Lage Walnussbiskuit und eine Kirschcreme kamen – Kirschwasser immerhin war zum Beträufeln der Tortenböden bereits vorgesehen. Heute bestreicht man üblicherweise einen hauchdünnen Mürbteigboden mit Kirschmarmelade und legt eine Lage Schokobiskuit darauf, die mit Kirschwasser beträufelt und mit eingekochten Kirschen belegt wird. Die Creme besteht rein aus Sahne und Gelatine, in die zur Stabilisierung eine zweite Lage Schokobiskuit eingebracht wird. Nicht zu vergessen: Auch die steif geschlagene Sahne darf mit Kirschwasser verfeinert werden.

Erwin Hildenbrand gilt als Erfinder der Schwarzwälder Kirschtorte.

Gegenüberliegende Seite: Konditormeister Erwin Hildenbrand (rechts) 1933 mit drei seiner Mitarbeiter vor dem Café Walz.

1932 | *Sauerkrautkonserve*

Sauer macht lustig, sagt man. Sauer kann auch erfolgreich machen, wie das Beispiel der Traditionsmarke Hengstenberg zeigt. Das Unternehmen aus Esslingen am Neckar verdient sein Geld seit Gründung vorwiegend mit sauren Sachen: Essig, eingelegten Gurken und Sauerkraut.

1932 kamen die ersten Sauerkrautdosen von *Hengstenberg* auf den Markt.

Gegenüberliegende Seite: Ein frühes Werbeplakat für die Sauerkrautprodukte.

Achtzehntausend Mark – die gesamte Mitgift seiner frisch mit ihm vermählten Ehefrau – setzte der Firmengründer Richard Alfried Hengstenberg im Jahr 1876 ein, um sich im württembergischen Esslingen in eine kleine Fabrik einzukaufen. Das Unternehmen stellte saure Gurken und Essig her. Zwei Jahre später stieg der Kompagnon aus der gemeinsamen Firma aus – seitdem trägt das Unternehmen den Familiennamen und ist bis heute familiengeführt. Richard Alfried Hengstenberg war nicht nur ein erfolgreicher Hersteller der sauren Lebensmittel, er trieb auch die Lebensmitteltechnologie voran. 1882 erfand er ein neues Verfahren zur Essigherstellung, das sogenannte Beschleunigte Orléansverfahren, und erhielt darauf das Reichspatent. Das Orléansverfahren trägt seinen Namen nach der französischen Stadt, weil sich dort seit dem 14. Jahrhundert die industrielle Herstellung von Essig entwickelt hatte: Fässer wurden mit Wein befüllt und offen in warmen Räumen gelagert, so dass sich auf der Oberfläche eine Bakterienhaut bilden konnte. Die – damals noch unbekannten und erst um 1868 von Louis Pasteur entdeckten – Essigbakterien wandelten den Alkohol des Weins zu Essig um, was einige Wochen dauerte.

Das von Richard Alfried Hengstenberg erfundene Verfahren, bei dem die Fässer unter anderem kaskadenartig gestapelt waren, verkürzte diesen Prozess deutlich. Außerdem formulierte er ein »Reinheitsgebot für Essig« und gestaltete damit das deutsche Lebensmittelgesetz mit. Das Gebot besagt, dass Weinessig mindestens zu 20 Prozent aus Wein bestehen muss, und ist im Grundsatz noch heute gültig. In den Gründerjahren firmierte das Esslinger Unternehmen als *Rich. Hengstenberg,* trug ein springendes Pferd im Wappen und bot unter anderem »Süße Gürkchen« an, mit denen man zum Hoflieferanten »Seiner Majestät des Königs von Württemberg« avancierte. Noch vor 1900 nahm man auch Senf – der ja zu wesentlichen Teilen aus Essig besteht – mit ins Programm. Und wer meint, Tomatenmark sei ein relativ junges Gewächs in deutschen Küchen – *Hengstenberg,* so nannte Carl, der Sohn des Firmengründers das Unternehmen nach 1910, bietet

Hengstenberg
Hengstenberg

dieses Produkt seit den 1920er-Jahren in Tuben an. Und wenn sich ein Unternehmen schon mit sauren Sachen auskennt, so lag es doch nahe, auch Sauerkraut ins Programm zu nehmen.

Streng genommen hat Sauerkraut natürlich nichts mit der Säure des Essigs zu tun. Es entsteht durch einen Gärungsprozess mithilfe von Milchsäure: Das Kraut wird fein geschnitten, gestampft, gesalzen und gärt dadurch im eigenen Pflanzensaft, der das Kraut bedeckt. 1932 machte Richard Hengstenberg, der Enkel des Firmengründers, bei der Herstellung von Sauerkraut eine wegweisende Entdeckung: Er erfand ein Pasteurisierungsverfahren, das es erlaubte, Sauerkraut in Dosen abzufüllen und darin ohne Kühlung sehr lange lagerfähig zu machen. Bis dato hatte man Sauerkraut meist in Fässern hergestellt und in Steinguttöpfen gelagert, aus denen heraus es dann im Einzelhandel portionsweise verkauft wurde. Das *Hengstenberg'sche* Sauerkraut aus der Dose gewährleistete nicht nur die wertvollen Inhaltsstoffe wie den hohen Vitamin-C-Gehalt, es machte das Kraut auch exportfähig – bis heute ein wichtiges Standbein für das Unternehmen, dessen Krautdosen auch in den USA und Japan ihre Freunde haben.

In Deutschland ist *Hengstenberg* seit langem Marktführer für Sauerkrautkonserven, die seit 1953 – also seit 60 Jahren – unter dem Markennamen *Mildessa* vertrieben werden. Drei Jahre älter ist der *Altmeister*-Essig, einer der bekanntesten Essige in Deutschland. Die Tomatenwürze in der Tube, die es seit den 1920er-Jahren gibt, wird seit 1967 unter dem Markennamen *Oro di Parma* angeboten – *Hengstenberg* war einer der ersten deutschen Lebensmittelhersteller, die den Trend zu mediterranen Produkten für sich entdeckten. Bei den Sauerkrautkonserven ist ebenfalls die Zeit nicht stehengeblieben: Für Menschen mit wenig Zeit bietet *Hengstenberg* seit den 2000er-Jahren fertig gekochtes und gewürztes Kraut in Dosen oder Portionsbeuteln an, das innerhalb von drei Minuten fertig erwärmt ist. Fast Food – und trotzdem auch gesund.

Richard Hengstenberg brachte das Sauerkraut in die Dose.

Gegenüberliegende Seite: Die Krautanlieferung in Esslingen geschah in den 1930er-Jahren noch mit Ochsengespannen.

1932 | *Alleskleber*

Der glasklare Alleskleber aus der schwarz-gelben Tube kommt aus dem badischen Bühl und klebt weltweit zusammen, was an verschiedensten Materialien zusammenbleiben soll. Dem Apotheker und Lebensmittelchemiker August Fischer war es gelungen, 1932 die Ära der Kleister, Knochen- und Fischleime mit einem neuartigen Kleber auf Kunstharzbasis abzulösen. Die Bezeichnung *Uhu* orientierte sich seinerzeit an anderen Produkten aus der Büroartikelbranche, wo große Vögel wie Pelikan, Schwan und Marabu bereits erfolgreich bei der Kundschaft landen konnten.

Das Besondere am Alleskleber sind die elastischen Klebestellen, die selbst gegenüber verdünnten Säuren, Laugen, Benzin und Öl standhaft bleiben.

Gegenüberliegende Seite: Karikatur zum ersten Firmenslogan.

August Fischer, der am 15. November 1868 im württembergischen Buchau am Federsee auf die Welt kam, übernahm 1905 im badischen Bühl die *Chemische Fabrik Ludwig Hörth*. Zunächst führte der als vielseitig interessiert und fleißig beschriebene Fischer die Produktion der Büroartikel um Tinten, Tuschen, Farbbänder, Lacke, Kleister und Leim weiter. Doch so recht überzeugten ihn seine eigenen, mitunter stinkenden Klebstoffe nicht. Dazu liefen die allgemeinen Geschäfte unerfreulich. Der Erste Weltkrieg und dessen Folgen, wie der Verlust der Verkaufsregionen Elsass-Lothringen und Saarland, die nun zu Frankreich gehörten, trafen ihn schwer. Der Vater von drei Töchtern und vier Söhnen übergab die Geschäfte an seinen kaufmännisch versierten und gut eingearbeiteten Erstgeborenen. Der manövrierte den Familienbetrieb erfolgreich durch die Krise. In der nun frei gewordenen Zeit widmete sich August Fischer vermehrt der Produktentwicklung. Fischer, ein ausgeglichener, geduldiger und bescheidener Typ, zog sich an seinen Lieblingsplatz, in das stille Labor, zurück. Er stellte sich die knifflige Aufgabe, einen neuartigen, besseren Klebstoff zu entwickeln, und probierte sich daran Tag und Nacht. 1932 hatte er im Alter von 64 Jahren die optimale Rezeptur für einen klaren Alleskleber auf Kunstharzbasis gefunden, der den bisherigen Klebern wie Leim und Kleister den Rang ablaufen sollte. Denn seine Erfindung war gebrauchsfertig, klebte schnell und dauerhaft, war wasserfest und säurefrei.

G. Bri
IM FALLE
EINES FALLES
KLEBT UHU WIRKLICH ALLES!

August Fischer, Apotheker und Lebensmittelchemiker, löste mit seinem Alleskleber Kleister, Knochen- und Fischleime ab.

Einmal aus der Tube gedrückt hielt der charakteristisch riechende Kleber fortan alles zuverlässig zusammen, was im Haushalt vorrätig war. Dazu zählten Papier und Pappe, Holz, Stoff, Leder, Porzellan und Keramik sowie die ersten Kunststoffe. Das Besondere an seiner Erfindung waren die positiven Eigenschaften an den Klebestellen. Die hielten nicht nur, sondern waren auch elastisch und blieben selbst gegen verdünnte Säuren, Laugen, Benzin und Öl standhaft. Per Hand und unter Einsatz einer Maschine füllte das Unternehmen anfangs täglich zwischen 2000 bis 3000 Bleituben mit dem Alleskleber ab. Jede Tube einzeln. Der Verschluss war anfangs noch aus Metall. Zwei Jahre später warf eine Maschine bereits 1000 schwarz-gelbe Tuben pro Stunde aus. Vollautomatische Tubenfüll- und Verschließmaschinen steigerten die Produktionsmenge noch weiter. Heute sind es 180 000 Tuben pro Tag.

Die Tube wurde in einer Papierschachtel verpackt und war in Schreibwarenhandlungen und Drogerien erhältlich. Die Nation klebte fortan mit *Uhu.* Sicherlich auch, weil die Fischers mit ihrer cleveren Marketingstrategie 36 000 Schulen des Landes über fünf Jahre mit Mustern und Werbung versorgten und so schon die kleinen Nutzer vom Klebewunder aus der gelben Tube überzeugen konnten. Alle Kraft im Familienunternehmen galt nun dem gewinnbringenden Alleskleber, der sogar das Innenleben des größten jemals gebauten Luftschiffs, der »Hindenburg«, zusammenhielt. In der Nacht vom 12. auf den 13. Dezember 1940 starb der Erfinder August Fischer im Alter von 72 Jahren.

Zeitweise ersetzte die Bezeichnung *Uhu,* wenn es um Haushaltsklebstoffe ging, sogar den Begriff Klebstoff im allgemeinen Sprachgebrauch. Zur *Uhu*-Tube gesellten sich in den 1970er-Jahren weitere bis heute beliebte Produkte, unter anderem der Klebestift *Stic,* die *Flinke Flasche* sowie der *Sekundenkleber.* Inzwischen ist das Warenangebot in Sachen *Uhu*-Klebstoffe mit und ohne Lösungsmittel so umfangreich, dass es ratsam ist, den interaktiven Klebeberater auf der Firmenhomepage zu nutzen. Denn *Uhu* stellt sich nach wie vor den Erwartungen der Verbraucher und bleibt dem alten und ersten Firmenslogan treu: »Im Falle eines Falles klebt *Uhu* wirklich alles.«

Ein Tausendsassa auf dem Gebiet der Erfindungen war der in Stuttgart gebürtige Erich Schumm. Über 1000 Patente gehen auf seine Ideen zurück und sind bis heute Bestandteil vieler Haushalte. Darunter sind so brauchbare Dinge wie der Brennstoff *Esbit,* Handtuchspender, aber auch die Fliegenklatsche oder die deutschen Hörbücher. Und als die Not groß war, sorgte er für Nachschub bei Traubenzucker, Wein- und Kaugummi. Sein Heiligtum war seine prall gefüllte Ideenmappe.

Erich Schumm, geboren am 9. November 1907 in Stuttgart, war Kaufmann, Werbegrafiker, Fabrikant und ein fleißiger schwäbischer Erfinder. Kurz, ein Macher. Es heißt, sein Talent zur Tüftelei habe er von seiner Mutter in die Wiege gelegt bekommen. Die Frau Mama mischte in den kargen Zeiten des Ersten Weltkrieges das Ei-Ersatzpulver *Renola* zusammen und verkaufte es in ihrem kleinen Lebensmittelladen. Schon früh musste der kleine Erich zu Hause mit anpacken und belieferte auch die Kunden seiner Mutter. Nachdem er seine Ausbildungen abgeschlossen und Erfahrungen in verschiedenen Firmen gesammelt hatte, gründete er 1933 in Stuttgart das Unternehmen *Schumm.* Mit großer Freude am Forschen und Ausprobieren entwickelte er zunächst einen Brennstoff mit dem Namen *Esbe* weiter, mit dem schon die Mutter Emma experimentiert hatte. Doch schon bald flatterten dem jungen Unternehmen zahlreiche Reklamationen samt Schadensersatzforderungen ins Haus. Der Brennstoff funktionierte so gut, dass gleich noch Teppiche und Tischdecken in Flammen standen.

Der als hartnäckig, hochintelligent und autoritär beschriebene Erich Schumm ließ sich nicht abbringen. Er entwickelte seine Idee systematisch weiter, Tag und Nacht und so lange, bis das

Esbit **ist die Kurzform von »Erich Schumms Brennstoff in Tablettenform«.**

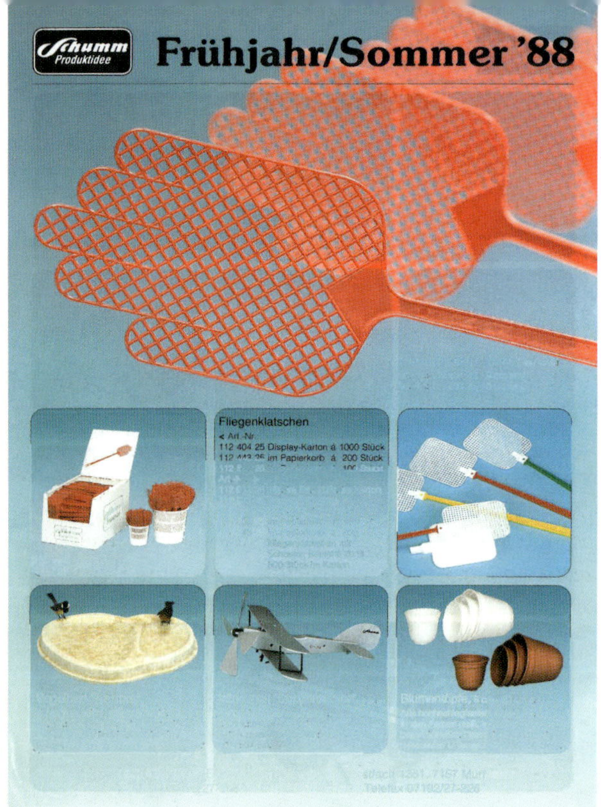

Links: Praktisch, sparsam und leistungsstark: Zusammen mit dem dazugehörigen Taschenkocher bringt *Esbit* sogar Wasser zum Kochen.

Rechts: Schumm wusste, was Endverbraucher benötigen, und machte 1988 selbst vor Fliegenklatschen und Blumentöpfen nicht Halt.

Endprodukt 1936 unbedenklich war. Der weiße Brennstoff erhielt den Namen *Esbit*, der aus den Anfangsbuchstaben von *Erich Schumms Brennstoff in Tablettenform* besteht. Umgangssprachlich ist *Esbit* auch als Trockenspiritus bekannt und besteht zu großen Teilen aus dem gepressten Stoff Urotropin. Fortan und bis dato sorgt *Esbit* nicht nur für Dampf im Kessel von Spielzeugdampfmaschinen oder in Puppenküchen, sondern zusammen mit Taschenkochern aus Blech auch für warme Getränke und Speisen unterwegs. *Esbit* wurde kriegswichtig. Soldaten erwärmten mit den munter brennenden Trockenbrennstofftabletten ihre Einmannpackungen. Schon kurz nachdem die Erfindung auf dem Markt war, verkaufte sich der vielseitig einsetzbare Brennstoff in über 70 Staaten. Die Plakatwerbung brachte es seinerzeit auf den Punkt: »Wenn's zum Mittagessen Zeit, doch der Weg zu Muttern weit, heiße Suppe gibt's im Nu, nimmst *Esbit* du stets dazu.« Heute schätzen vor allem Camper und Selbstversorger in freier Natur die Vorteile der kleinen, hocheffizienten *Esbit*-Würfel samt Zubehör. Der leichte Brennstoff entzündet sich rasch, ein Streichholz genügt. Dazu ist er platzsparend und kommt ohne großen Rauch aus. Ist er verbraucht, bleiben kaum Rückstände.

Bei einem Luftangriff im Jahr 1943 wurde Schumms Unternehmensgebäude zerstört. Erich Schumm siedelte nach Murrhardt um und baute dort nach dem Zweiten Weltkrieg ergänzend die *Schumm Zuckerwarenfabrik* auf. Es folgten das *Schumm Plastic-Werk* samt der Erfindung der Fliegenklatsche 1953 sowie in den 1960er-Jahren die Fertigung von Handtuch- und Seifenspendern.

Später reiste der rastlose Erfinder nach Amerika und lernte das Prinzip der Hörbücher kennen. Kaum zurück, gründete er den ersten deutschen Hörbuchverlag mit dem Namen *Schumm Sprechende Bücher.* Am 7. September 1979 verstarb der Querdenker mit dem Hang zum Praktischen als Ehrenbürger von Murrhardt in Althütte-Sechselberg im Rems-Murr-Kreis.

Sein Name und Tun sind in Murrhardt allgegenwärtig. Auch wegen seiner schlagzeilenträchtigen Aktion Ende der 1960er-Jahre. Da gründete Erich Schumm den Club der Alten, die erste Altentagesstätte unter privater Initiative in der Bundesrepublik. Für die älteren Mitbürger gab es dort kostenlos Kaffee, Kuchen und am Abend eine warme Suppe mit Brötchen. Es folgte die Erich-Schumm-Stiftung und weitere zehn Jahre später das Erich-Schumm-Stift. Sein soziales Engagement mit Vorzeigefunktion lockte 1967 sogar den Bundespräsidenten Heinrich Lübke in die kleine Stadt an der Murr. Dass Erich Schumm auch im privaten Bereich ein Multitalent war, wissen indes nur wenige. Er sammelte Briefmarken, spielte Violine, malte Ölbilder, war ein Technikfreak und liebte es über alles, mit dem Auto zu fahren.

Erich Schumm war ein Tausendsassa in Sachen Erfindungen und blickte auf über 1000 Patente zurück.

1939 | *Spätzlepresse*

Er war ein Schaffer und Genießer, der Stuttgarter Robert Kull (1887–1974). Besonders schätzte er die handgeschabten Spätzle seiner Frau Pauline. Er sah aber auch, mit welcher Mühe deren Herstellung mit Brett und Schaber verbunden war. Die Idee reifte, eine Küchenhilfe zu konstruieren, die Pauline entlastete, ihm aber weiterhin selbstgemachte Spätzle bescherte.

Von Beruf war Robert Kull Schlossermeister. Zusammen mit seinem Partner machte er sich 1920 in Stuttgart-Bad Cannstatt selbstständig. In der kleinen Werkstatt stellte das Duo Brennstempel her, mit denen man Behältnisse aus Holz beschriften konnte. Die Idee, die Herstellung der Spätzle zu vereinfachen, ließ Kull nicht los. Sein erster Prototyp sah einen Topf mit runden Löchern vor, durch den mittels eines Stempels der Teig in das kochende Wasser gepresst wurde. Die Drückerei glich jedoch einer sportlichen Herausforderung, besonders bei recht zähem Teig. Doch das Prinzip funktionierte. Im Wasser schwammen gleichförmige Spätzle. Die Spätzlepresse mit dem Markennamen *Spätzle-Schwob* war erfunden. Am 1. Januar 1936 startete Kull zusammen mit seiner Frau und der Tochter Frieda die Produktion der durchlöcherten Töpfe. Die Damen halfen tatkräftig mit. Unter anderem bohrten sie von Hand in jeden *Spätzle-Schwob* 89 Löcher. Die Löcherzahl stieg später sogar auf 100 an. Allerdings bekamen die Frauen dann eine eigens von Kull konstruierte Maschine zur Hilfe.

Ein *Spätzle-Schwob* aus den 1940er-Jahren.

Gegenüberliegende Seite: Für perfekte Spätzle muss der Teig langsam in sprudelndes Wasser gedrückt werden – wie hier in einem Prospekt Ende der 1960er-Jahre erläutert wird.

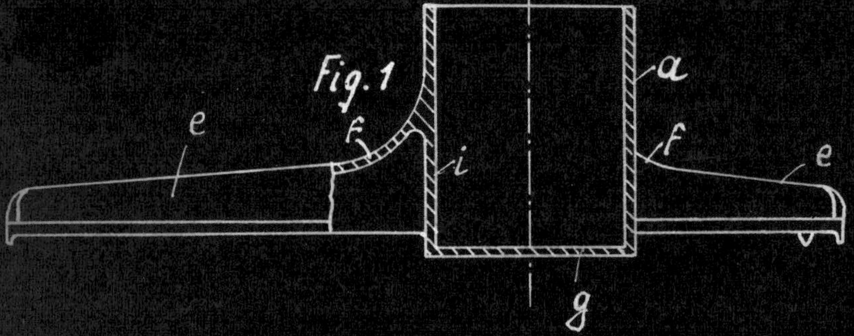

Fig. 1

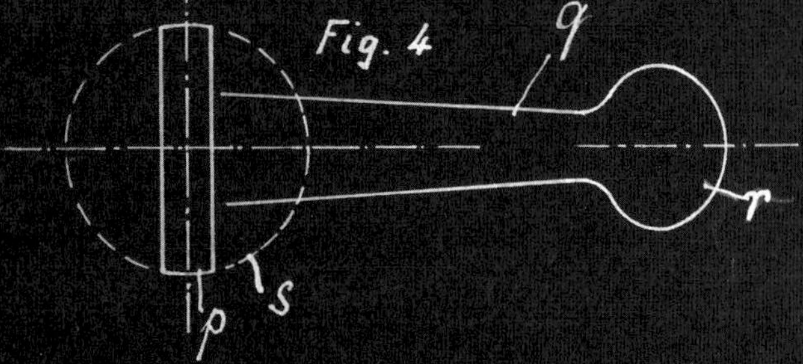

Fig. 4

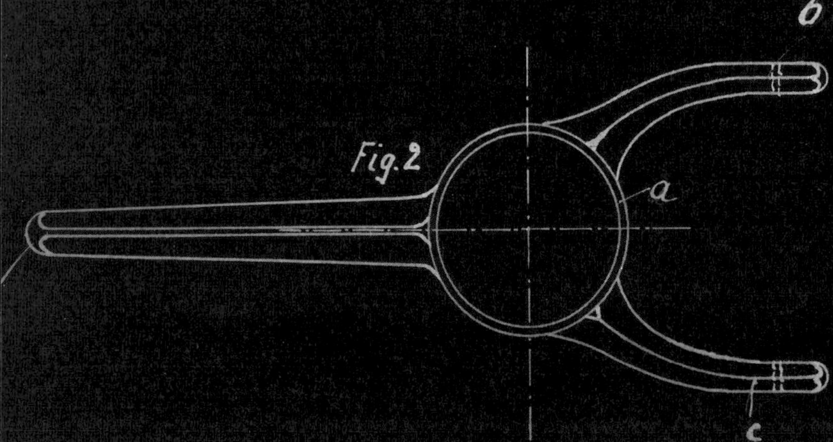

Fig. 2

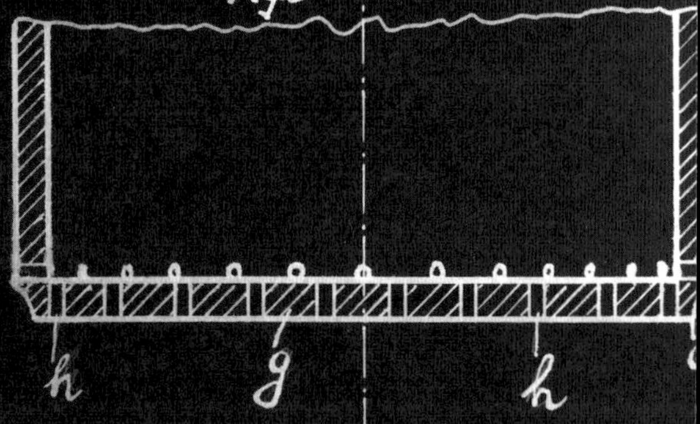

Fig. 3

Die Kassen klingelten, die Hausfrauen waren von der Küchenhilfe begeistert. Spätzlepressen galten fortan als wichtiger Bestandteil der Aussteuer eines schwäbischen Mädchens und entwickelten sich zu beliebten Klassikern bei den Vermählungsgeschenken. Das Patent für seine *Teigpresse aus einem mit Teigaustrittslöchern versehenen Topf mit Handstempel* ist auf den 14. Juni 1939 datiert. Das beliebte Gerät bestand seinerzeit aus Aluminium mit Silberlack. Ein kraftschonender Hebel mit langem Arm ersetzte später den Stempel. Robert Kull selbst nutzte jahrzehntelang seinen Hammer, in den sein Name eingraviert war und der stolze 600 Gramm auf die Waage brachte. Mit ihm nietete er jede einzelne Presse von Hand zusammen. Für die drei Einzelteile benötigte er zwei Nieten und jede Menge Muskelkraft.

Im Zweiten Weltkrieg blieb auch Kull nicht vor Zerstörung verschont. Seine 1944 ausgebombte Fabrik baute er zügig wieder auf. Zum *Spätzle-Schwob* produzierte er nun noch Kochtöpfe, Bräter, Leimkocher und eine Waschmaschine, in der man Kartoffeln oder Wäsche waschen konnte. Auch in Amerika war die Freude über den *Spätzle-Schwob* groß. Bis zu 500 Pressen gingen in den Glanzzeiten pro Monat in die USA, vorrangig zu ausgewanderten Bürgern mit deutschen Wurzeln. Ein Prospekt über das Produkt »made in Germany« erinnert noch heute an den Spätzle-Boom auf dem nordamerikanischen Kontinent.

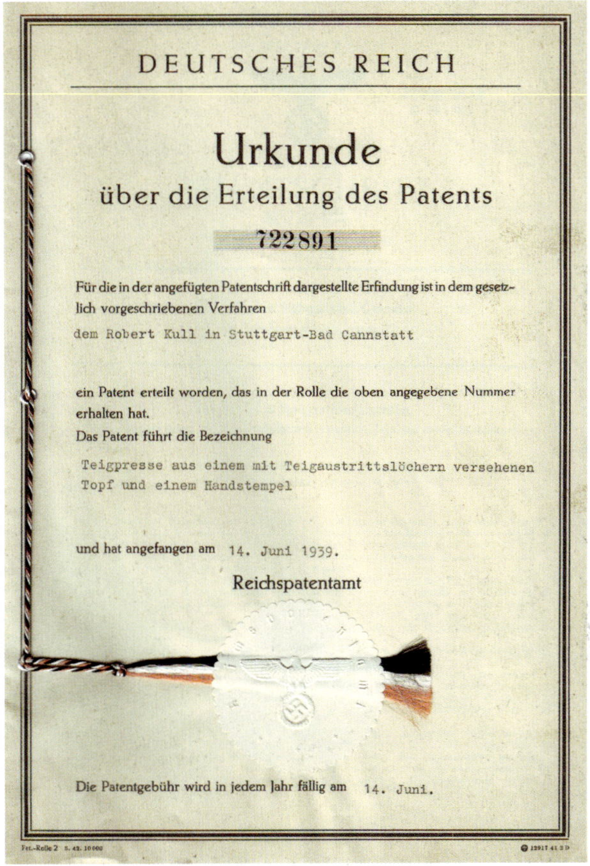
DEUTSCHES REICH

Urkunde

über die Erteilung des Patents

722891

Für die in der angefügten Patentschrift dargestellte Erfindung ist in dem gesetzlich vorgeschriebenen Verfahren

dem Robert Kull in Stuttgart-Bad Cannstatt

ein Patent erteilt worden, das in der Rolle die oben angegebene Nummer erhalten hat.

Das Patent führt die Bezeichnung

Teigpresse aus einem mit Teigaustrittslöchern versehenen Topf und einem Handstempel

und hat angefangen am 14. Juni 1939.

Reichspatentamt

Die Patentgebühr wird in jedem Jahr fällig am 14. Juni.

Im Jahr 1939 erhielt Kull das Patent auf seine Teigpresse.

Gegenüberliegende Seite: Ein Konstruktionsplan des *Spätzle-Schwob* aus dem Jahr 1939.

Ab 1969 gab es die Spätzlepresse mit verschiedenfarbigem Kunststoffbelag.

1953 verlegte Robert Kull seine Fabrik nach Geradstetten im Remstal, heute ein Ortsteil von Remshalden. Mit seinem Enkel Max Mauz, dem er die Geschäfte 1963 übergab und der sie 40 Jahre erfolgreich weiterführte, hielten technische Neuerungen Einzug. Max Mauz verlieh dem *Spätzle-Schwob* durch das Aluminium-Druckguss-Verfahren samt Kugelpolierung ein hochwertigeres Aussehen und darüber hinaus eine spülmaschinengeeignete, farbige sowie stoß- und kratzfeste Kunststoffbeschichtung (1969). Doch so sehr die Nutzer von der praktischen Presse begeistert waren, mit der man auch Kartoffeln quetschen sowie Spaghetti-Eis formen konnte, machte ihnen die anschließende Reinigung zu schaffen. Auch hierfür fand man im Hause Kull eine kundenorientierte Lösung, für die es 1988 ein weiteres Patent gab. Fortan konnte man die Presse in zwei Teile zerlegen und zur Reinigung den Hebel einfach aushängen. Damit die gedrückten Spätzle, die gerne auch als »Faule-Weiber-Spätzle« bezeichnet werden, den handgeschabten ähnlicher wurden, kam der *Spätzle-Fix* mit über 60 unregelmäßig geformten Löchern auf den Markt. Im Alter von 89 Jahren starb 1974 der Wegbereiter der schnellen Spätzle. Robert Kulls schier unverwüstliche Gerätschaften, die es auch in wechselnden Trendfarben gibt, helfen noch immer bei der Herstellung der schwäbischen Nationalspeise.

Das schäumende Wundermittel der Nachkriegszeit, die Neutralseife aus Stuttgart, wurde 1946 eher zufällig entdeckt und sollte eigentlich ein Haarwaschmittel werden. Die Hausfrauen waren begeistert von der reinigenden pH-neutralen Paste, die umgangssprachlich auch als »Schmierseife« bekannt ist. Noch heute behauptet sich die Allzweckwaffe für den Haushalt selbstbewusst auf dem Markt. Im Laden kaufen kann man sie allerdings nicht. Die Hersteller setzen auf den Direktvertrieb.

Seife, Waschmittel und Pflegeprodukte waren in den Nachkriegsjahren Mangelware. Den Hausfrauen blieb für die anfallenden Reinigungsarbeiten vom Kopf bis zum Kochtopf meist nur Kernseife. So lange zumindest, bis 1946 die beiden Stuttgarter Wilhelm Schlotz (1907–1991) und Hans Kunz (1909–1990) durch Zufall ihr reinstes »Waschwunder« erlebten. Sie entdeckten beim Experimentieren die praktische »Seife für alles«. Ursprünglich wollten die pfiffigen Herren – Wilhelm Schlotz war einst Angestellter in der chemischen Industrie, sein Schwager Hans Kunz Ingenieur – ein Haarwaschmittel herstellen. Dafür verrührten sie in der

Badewanne restliche Lagerbestände von Waschrohstoffen. Statt des gewünschten Shampoos setzte sich zur Überraschung eine seifenähnliche Paste ab. Und die eignete sich zum Spülen, Waschen und Putzen sowie für die eigentlich anvisierte Haarpflege gleichermaßen gut. Die erste Produktionsstätte für die Neutralseife war zunächst die heimische Badewanne. Um die Nachfrage der Kunden zu befriedigen, packte bei der Herstellung und Abfüllung die gesamte Familie mit an. Da die Gefäße knapp waren, setzte man wiederverwendbare Behältnisse wie Einmach- und Marmeladengläser ein. Per Handkarren ging die Fracht an die Kundschaft. Dankbare

Neutralseife eignet sich zum Spülen, Waschen und Putzen.

NEUTRALSEIFE
NEUTRALSEIFE
NEUTRALSEIFE
IM FARBIGEN PLASTIKEIMER

Abnehmer waren anfangs vor allem die Stuttgarter Gewerbetreibenden, allen voran die Frisöre und Drogisten, aber auch die Haushalte im Umfeld. Die Paste trug bald den Namen *Haka Neutralseife.* Das waren die Initialen von Helene Kunz, die zugleich die Ehefrau von Hans Kunz und die Schwester von Wilhelm Schlotz war.

Wilhelm Schlotz, einer der Erfinder, war Angestellter in der chemischen Industrie.

Gegenüberliegende Seite: Anfangs waren die Abnehmer Stuttgarter Gewerbetreibende. Bald setzte die Firma auf den Direktvertrieb.

Kaum eroberten nach der Währungsreform die Markenprodukte wieder die Ladenregale, sank die Nachfrage nach der Neutralseife. Die Erfinder hielten zwar ein vielseitiges Produkt in Händen, hatten aber keine Absatzkanäle mehr. So lange, bis Erna Schlotz dem resignierten Tüftlerduo vorschlug, das Waschmittel doch per Direktvertrieb zu verkaufen. Gesagt, getan. Der erfolgreiche Warenumschlag von Haus zu Haus samt Mundpropaganda startete. Die treuen Kunden fanden sich alsbald in den Einzugsgebieten um Tübingen, Böblingen und Stuttgart. 1948 zog es das Unternehmen *Hakawerk W. Schlotz und H. Kunz GmbH* nach Waldenbuch. Bereits 1954 errichteten die Väter der Neutralseife dort das erste Fabrikgebäude. Im Jahr 1991 spaltete sich das Unternehmen in die Firmen *Haka Kunz GmbH* und *Hakawerk W. Schlotz GmbH* auf.

Eher zufällig entdeckt wurde die Neutralseife von Wilhelm Schlotz und Hans Kunz. Eigentlich sollte das Gemisch ein Haarwaschmittel werden.

Gegenüberliegende Seite: Das Firmengebäude in Waldenbuch.

Mittlerweile sorgt die Neutralseife europaweit und sogar bis nach Kanada und Neuseeland für eine hautfreundliche und umweltschonende Reinlichkeit. Aus den einst eiligst zusammengesuchten Einmachgläsern sind inzwischen leichte Eimer, moderne Tuben und praktische Spender geworden. Die Rezeptur der Neutralseife indes entspricht zu großen Teilen der von 1946 und hat sich damit von Anfang an bewährt. Die vollständig biologisch abbaubare Rezeptur ist heute aktueller denn je.

1948 | *Pustefix*

Seifenblasen – die kann man nicht erfinden. Sie sind ein Produkt der vom Menschen geformten Natur. Aber etwas aus Seifenblasen machen, das Generationen von Kindern begeistert, das geht. Dem Chemiker Rolf Hein ist das 1948 in Tübingen gelungen.

Not macht erfinderisch, sagt man. Im Fall der *Pustefix*-Seifenblasen trifft das ohne Einschränkung zu, denn sie stiegen erstmals in den kargen Nachkriegsjahren in den Himmel. Der promovierte Chemiker Rolf Victor Hein, 1904 geboren als Deutscher im heutigen Liepaja (Lettland), zum Chemiker ausgebildet an der Universität Karlsruhe, hatte 1945 in Tübingen eine neue Heimat gefunden. Zum Lebensunterhalt stellte Rolf Hein in einer ehemaligen Wehrmachtsbaracke Waschpulver her, das die Familie bei Bauern der Umgebung und auf der Schwäbischen Alb gegen Lebensmittel eintauschte. Die braunen Papiertüten mit dem Hein'schen Waschpulver machten sich in der Region einen guten Namen, das Geschäft florierte. Doch als es nach der Währungsreform von 1948 wieder die Markenwaschmittel wie Persil gab, hatte das Nischenprodukt keine Marktchance mehr.

Die ersten *Pustefix*-Röhrchen wurden noch in Handarbeit befüllt, verkorkt und etikettiert.

Beim Experimentieren mit Waschmitteln hatte Hein eine Substanz gemischt, die stark schäumte – zu stark, um sie als Waschmittel zu verwenden – und die besonders schöne Seifenblasen ergab. Er überlegte, wie man nun diese Entdeckung nutzbar machen könnte und kam auf den Gedanken, ein Kinderspiel zu entwickeln, mit dem ohne langes Anrühren einer Seifenlauge schillernde Seifenblasen erzeugt werden konnten. Seifenblasen kennt die Menschheit, seit sie Seife kennt – etwa seit 5000 Jahren. Und seither ist man fasziniert von der schillernden Vergänglichkeit der filigranen Gebilde. Das Spiel mit Seifenblasen war nicht immer nur ein Kinderspiel: In der frühen Neuzeit bliesen auch Erwachsene gerne Seifenblasen aus Röhrchen.

Die Seifenlauge dazu rührte man in flachen Schalen an.

Da man die Seifenblasen durch Pusten in Bewegung setzt und die Mischung fix und fertig bereitgestellt werden sollte, lag der Markenname für das neue Produkt auf der Hand: *Pustefix.* Zum Markenzeichen des kleinen Unternehmens wurde das Lieblingsspielzeug von Heins Kindern: ein gelber Teddybär. So familiär der Ursprung der Marke, so auch der Beginn der Produktion: Am Küchentisch füllten die Familienmitglieder Aluminiumröhrchen mit der Seifenlauge, klebten von Hand Etiketten darauf, verschlossen sie mit einem Stück Naturkork. Der Blasring bestand aus einer Drahtspirale, die mit einem Metallstift an der Unterseite des Korks fixiert wurde. Optimal waren die ersten handgefertigten *Pustefix*-Röhrchen noch nicht: Der Kork war nicht immer ganz dicht, die Etiketten lösten sich, wenn Flüssigkeit das Röhrchen hinabrann, und die Drahtspirale löste sich bei längerer Lagerung in der Lauge auf. Der Beliebtheit dieses Spielzeugs haben die Kinderkrankheiten nicht geschadet: Es wurde zum Erfolg und ist bis heute beliebt.

Rolf Hein machte aus einem misslungenen Chemieexperiment einen Welterfolg.

Die industrielle Fertigung von *Pustefix* lief bei der *Dr. Rolf Hein GmbH* bald an, und mit der Verwendung von bedruckten Kunststoffröhrchen sowie dem Verschluss und dem Blasring ebenfalls aus Kunststoff waren sämtliche Kinderkrankheiten des Produkts kuriert – es wurde zu einem Welterfolg. 1973 übernahm der Sohn Gerold Peter Hein die Unternehmensleitung. Da in Deutschland immer weniger Kinder geboren wurden, verlegte man sich vermehrt auf den Export – in die europäischen Nachbarländer, aber auch in die USA und nach Japan. Zum 50-Jahr-Jubiläum von *Pustefix* übernahm der heutige Geschäftsführer Frank Hein in dritter Generation das Familienunternehmen.

Firmengründer Rolf Hein erkrankte 1968 so schwer, dass er sich zunehmend weniger um seinen Betrieb kümmern konnte. Er starb 1974, ein Jahr nachdem er die Geschäftsleitung abgegeben hatte.

1950 | Hochdruckreiniger

Man mag es für Zufall halten oder für Fügung: Im württembergischen Landesteil, der Heimat und Brutstätte der schwäbischen Kehrwoche, sind die Maschinen erfunden worden, die das Saubermachen rund ums Haus perfektionieren – Hochdruckreiniger von Kärcher.

Heutige Hochdruckreiniger für den Privatgebrauch sind kompakt, leicht und energieeffizient.

Gegenüberliegende Seite: Das Unternehmerehepaar Irene und Alfred Kärcher.

Der Schwabe Alfred Kärcher wurde 1901 in Cannstatt, heute ein Stadtteil von Stuttgart, geboren und zog mit seiner 1935 gegründeten *Alfred Kärcher Kommanditgesellschaft* im Jahr 1939 nach Winnenden, etwa 20 Kilometer nordöstlich von Stuttgart. Berühmt wurde der Gerätehersteller *Kärcher,* dessen Firmengeschichte mit Wärmetechnik begann, mit einer Erfindung, die Firmengründer Alfred Kärcher 1950 gemacht hat. Sie ist eine jener Entdeckungen, die nicht auf ein weißes Blatt Papier gezeichnet werden, sondern die mit der Beobachtung des Vorhandenen und dessen Verbesserung beginnen. Nach dem Zweiten Weltkrieg und der Besetzung Württembergs durch US-Truppen erhielt das Unternehmen von der Militärverwaltung einen Auftrag: *Kärcher* sollte die Dampfreiniger warten und reparieren, mit denen die Streitkräfte ihre Lastwagen und Panzer reinigten. Geräte dieser Art waren in Europa bis dahin unbekannt und entstanden in den USA aus einem Zufall heraus: Zur Zeit der Prohibition experimentierte man mit tragbaren Destillerien zum illegalen Brennen von Whisky. Bei einem dieser Experimente war der Dampfabzug des Destillierapparats auf den ölverschmierten Boden einer Garage gerichtet, und einer der Beteiligten entdeckte, dass der Dampf den Ölschmutz löste und man ihn mit Wasser wegspülen konnte. Aus dieser Beobachtung heraus entstanden Dampfreiniger, die auch die US-Armee einsetzte.

Der erste Hochdruckreiniger von *Kärcher,* damals noch Dampfstrahler genannt.

Der Ingenieur Alfred Kärcher machte sich rasch mit der Technik vertraut, und der Tüftler in ihm entdeckte die vielen Verbesserungsmöglichkeiten, die in den Dampfstrahlern noch schlummerten. 1948 begann er mit der Konstruktion eines ersten eigenen Hochdruckreinigers. Wie der Name schon sagt, bestand die Innovationsleistung darin, den Schmutz nicht nur mit Dampf, sondern mit einem heißen, druckvollen Wasserstrahl zu lösen und abzutransportieren. Dafür senkte Alfred Kärcher die Arbeitstemperatur des Geräts unter den Siedepunkt und verbesserte die Pumpe. Auch der Brenner und die Sicherheitseinrichtungen seines Hochdruckreinigers waren wegweisende Innovationen. Der Name Dampfstrahler hat sich bis heute landläufig gehalten, obwohl viele aktuelle Hochdruckreiniger kaltes Wasser zur Reinigung verwenden. Die Heißwasser-Hochdruckreiniger arbeiten bis heute nach dem von Alfred Kärcher entwickelten Prinzip.

1950 brachte *Kärcher* seinen ersten Heißwasser-Hochdruckreiniger auf den Markt – ein 220 Kilogramm schweres Gerät auf vier Rollen, dessen Dampfstrahl bis zu 150 Grad heiß und bis zu 7 Bar stark war. Der Hochdruck-Wasserstrahl hatte einen Druck von bis zu 10 Bar. 1972 kamen die ersten Kaltwasser-Hochdruckreiniger ins Programm; die Drücke ihres Wasserstrahls lagen um die 50 Bar. Auch der weltweit erste tragbare Hochdruckreiniger für Privathaushalte kam vom heutigen Weltmarktführer: Das 1984 vorgestellte Gerät wog 14,5 Kilogramm und erzeugte einen Druck von 55 Bar. Die leichtesten Geräte für den Privatgebrauch wiegen heute um die vier Kilogramm. Die leistungsfähigsten *Kärcher*-Hochdruckreiniger für gewerbliche Anwendungen arbeiten derzeit mit Drücken von 250 Bar. Noch mehr leisten Höchstdruckreiniger – sie reichen bis 2500 Bar. Heute produziert und vertreibt *Kärcher* jährlich mehr als 10 Millionen Reinigungsgeräte, die weltweit vermarktet werden.

Alfred Kärcher hat den Aufstieg seines Unternehmens zum Weltmarktführer nicht mehr erlebt: Er starb bereits 1959 in Folge eines Herzinfarkts, den er in seinem Betrieb – auf dessen Gelände die Familie auch wohnte – erlitt. Seine fast 20 Jahre jüngere Frau Irene Kärcher nahm den Platz ihres Mannes ein und führte die Firma zum Erfolg. Irene Kärcher starb 1989 im Alter von 68 Jahren und wurde 2009 postum als erste Frau überhaupt in die »Handelsblatt Hall of Fame des deutschen Unternehmertums« aufgenommen.

Kärcher Museum,
Alfred-Kärcher-Straße 28-40,
71364 Winnenden,
Telefon (0 71 95) 14 32 09,
www.kaercher.de/de/unternehmen/
Museum.htm

1957 | Windkraftanlage

Die Windkraft hat Konjunktur, denn fossile Energieträger sind endlich. Der aktuelle Windenergie-Boom ist nicht der erste. Immer wieder, wenn Energie knapp war, wurde an Windkraftanlagen geforscht. Der Stuttgarter Professor Ulrich Hütter war ein früher Verfechter der Windenergie und hat 1957 die erste moderne Windkraftanlage entworfen.

Ulrich Hütter war ein Pionier der Windkraftnutzung.

Die Kraft des Windes zu nutzen ist eine uralte Idee. Man denke nur an Segelschiffe und Windmühlen. Von Windenergie spricht man erst, seit man die Windkraft in Strom verwandelt und ihre Nutzung räumlich unabhängig macht. Dass Ulrich Hütter, 1910 in Pilsen im damaligen Österreich-Ungarn geboren, zum weltweit bedeutendsten Vordenker der Windenergie geworden ist, verdankt sich dem Zusammentreffen dreier Interessen in seiner Person, die nicht zwingend zusammengehören. Er war Segelflieger und Flugzeugkon-

strukteur, er war an neuartigen Werkstoffen für den Leichtbau interessiert, und er beschäftigte sich mit Fragen nachhaltiger Energieerzeugung bereits zu Zeiten, als fossile Brennstoffe und Kernkraft als endgültige Lösungen der Energiefrage galten.

Den ersten Zugang zur Windenergie hatte der diplomierte Luftfahrt-Ingenieur und junge Dozent an der Ingenieurschule Weimar im Jahr 1940. Er wurde technischer Berater und Entwicklungsingenieur der *Ventimotor GmbH,* die sich mit der Stromerzeugung aus Windrädern beschäftigte.

Moderne Windkraftanlagen gehen auf die von Ulrich Hütter entdeckten Prinzipien zurück.

Nazi-Deutschland drohte wegen seiner Kriegspolitik Knappheit an Energie und Rohstoffen, weshalb nach Alternativen gesucht wurde. Die von Hütter entworfenen Anlagen mit Holzrotoren von bis zu neun Metern Länge kamen über das Versuchsstadium nicht hinaus, erreichten in Tests aber die höchste bis dahin je gemessene Energieausbeute bei hohen Umdrehungszahlen. 1942 promovierte er in Wien mit seinem »Beitrag zur Schaffung von Gestaltungsgrundlagen für die Windkraftwerke«. Kern des theoretischen Konstrukts war die Anwendung von Grundsätzen der Flugzeug-Aerodynamik auf die Rotorblätter von sogenannten frei fahrenden Turbinen – also Windkraftanlagen im heutigen Sinn. Die erste praktische Umsetzung von Ulrich Hütters Windkraftidee war ebenfalls aus der Not geboren: 1947 baute er als Konstruktionsleiter der *Allgaier-Werke* in Uhingen eine Windkraftanlage für einen Hühnerhof in der Nähe – es gab ja kaum Brennmaterial zum Heizen. Firmenchef Erwin Allgaier sah Potenzial für den Export zu Farmen in Entwicklungsländern und ließ insgesamt etwa 200 dieser Anlagen mit 7,2 Kilowatt Leistung, Stahltürmen und Stahlrotoren herstellen. 1950 wurde das windnutzende System patentiert, insgesamt hielt Ulrich Hütter etwa 20 Windenergie-Patente. Die zunehmende Verfügbarkeit von Erdöl sowie Strom aus anderen Quellen ließ das Interesse am Wind aber rasch wieder abflauen.

1957 wurde auf der Schwäbischen Alb die erste moderne Windkraftanlage, die StGW-34, errichtet.

Die nächste Chance, die Zukunft der Windenergie zu gestalten, bot sich Ulrich Hütter 1957, als das Landesgewerbeamt Stuttgart eine Versuchsanlage mit 100 Kilowatt Leistung ausschrieb. Hütter, der sich im selben Jahr an der Universität Stuttgart habilitierte und 1959 außerordentlicher Professor wurde, konstruierte und baute die Windanlage *StGW-34:* Die Abkürzung stand für die seinerzeit gegründete *Studiengesellschaft Windkraft,* die Zahl für den Rotordurchmesser von 34 Metern. Installiert waren zwei Rotorblätter, die als erste Großbauteile der Welt aus glasfaserverstärktem Kunststoff bestanden und selbsttragend waren. Hier machte sich bezahlt, dass Hütter bereits seit einigen Jahren an Faserverbundwerkstoffen geforscht hatte, denn die bis dahin verwendeten Materialien Holz und Metall waren für große Windkraftanlagen und die hohen Belastungen auf die Rotoren nicht geeignet. Die *StGW-34* ist die Urform aller heutigen Windräder, unabhängig von der Zahl der Rotorblätter. Die Anlage in der Nähe von Geislingen an der Steige lief zunächst im Versuchsbetrieb und ging 1961 ans Netz, bis 1964 das Interesse der Energiewirtschaft an der Windkraft erneut einschlief. 1967 ist die *StGW-34* – auch die Studiengesellschaft hatte sich inzwischen aufgelöst – abgebrochen worden.

Ulrich Hütter, der bis zu seiner Emeritierung 1980 als Professor an der Universität Stuttgart blieb, hat den gegenwärtigen Boom der Windenergie nicht mehr erlebt. Er ist 1990 in Kirchheim unter Teck gestorben.

Vermutlich kennt kein Mensch die genaue Zahl der Dübel, die je die *Fischerwerke* in Waldachtal-Tumlingen verlassen haben. Es müssen zig Milliarden sein, denn täglich werden mehr als zehn Millionen Stück produziert. Angefangen hat die Geschichte der *Fischer-Dübel* mit einem ersten Exemplar, das Artur Fischer 1958 erfunden hat und sich patentieren ließ.

Nicht, dass Artur Fischer an seinem Geburtsort Tumlingen den Dübel erfunden hätte. Die Idee, einen Gegenstand in eine Wand zu treiben, in welchen man eine Schraube drehen kann, war lange bekannt. In der Vorzeit der industriellen Fertigung von Dübeln gipste oder mörtelte man Holzstücke in Wandlöcher. Dieses Holz diente als Medium für die Schraube, an der ein Bild, ein Regal oder Ähnliches befestigt werden konnte. Einfache Dübel gab es bereits zu Beginn des 20. Jahrhunderts: Es waren Blechhülsen, in die Hanf gepresst wurde. Drehte man die Schraube in den Hanfkern ein, verdickte sich der Dübel, und die Blechhülse drückte gegen die Wände des Bohrlochs. Die industrielle Fertigung dieser Blechdübel begann in den 1920er-Jahren. Artur Fischers Verdienst ist es, mit dem Kunststoff-Spreizdübel eine

einfachere, um vieles belastbarere und preiswertere Art der Fixierung einer Schraube in einer Wand, in einer Decke oder sonst wo geschaffen zu haben. Selbermachen und Heimwerken – undenkbar ohne die Erfindung des *Fischer-Dübels S*, der am 8. November 1958 vom Deutschen Patentamt geschützt wurde. Das *S* steht für Spreizdübel, denn der Kunststoff spreizt sich beim Eindrehen einer Schraube auf, und die eingearbeiteten Zähne verbeißen sich im Bohrloch. Ein weiteres markantes Merkmal der *Fischer-Dübel* sind die Widerhaken, auch Sperrzungen genannt. Sie verhindern beim Eindrehen einer Schraube, dass sich der Dübel im Bohrloch mitdreht und krallen sich fest in dessen Wände. Dies bringt einen weiteren Gebrauchsvorteil mit sich, der anfangs eine große Rolle spielte: Bis dahin hatten Dübel am hinteren Ende einen Rand,

Heute bietet *Fischer* auch Dübel aus nachwachsenden Rohstoffen an.

Mit der Erfindung des Kunststoff-Spreizdübels gelang Artur Fischer der Durchbruch als Unternehmer.

der verhindern sollte, dass der Dübel zu tief ins Bohrloch rutscht. Diesen Rand brauchten die ausgetüftelten *Fischer-Dübel* nicht, was viele neue Möglichkeiten schuf. Artur Fischer bestand – gegen den Rat seiner kaufmännischen Abteilungen – darauf, die Dübel aus Nylon, einem der damals teuersten Kunststoffe, zu machen. »Für unsere Kunden«, beharrte er, »ist das Beste gerade gut genug und das Richtige.« Es hat sich bezahlt gemacht.

Artur Fischer, der bis heute unermüdliche Erfinder, ist ein Selfmade-Mann aus einfachen, fast kargen Verhältnissen. Er wurde 1919 als ältester Sohn eines Schneiders in Tumlingen nahe Freudenstadt im Schwarzwald geboren – am selben Ort, wo er später die *Fischerwerke* aufbaute. Nach dem Besuch der Realschule absolvierte er eine entbehrungsreiche Lehre in einem Stuttgarter Kunst- und Bauschlosserbetrieb. Als er 1946 aus der Kriegsgefangenschaft zurückkehrte, setzte er als Assistent in einem kleinen Freudenstädter Betrieb technische Geräte instand. 1948 gründete er in einer kleinen Werkstatt die *Artur Fischer Apparatebau* – sie produzierte zunächst Anzünder und Webstuhlschalter. Auf dem Weg zu den heutigen *Fischerwerken*, deren Leitung Artur Fischer 1979 an seinen Sohn Klaus übergab, war seine erste bedeutende Erfindung ein Meilenstein: Kurz nach Firmengründung sah er einer Fotografin zu, die seine wenige Wochen alte Tochter ablichten sollte. Sie musste zum Blitzen ein Magnesiumpäckchen entzünden und möglichst im selben Moment auf den Auslöser drücken, um das volle Licht zu nutzen. Fischer fand das unbefriedigend und ersann einen elektrisch funktionierenden Mechanismus, der Auslöser und Blitz synchronisierte. Für seine Erfindung interessierten sich die Münchener *Agfa-Werke*. Sie wurden Fischers erster Großkunde, und er band das Foto-Unternehmen mit immer neuen Weiterentwicklungen der Blitzlichttechnik für viele Jahre an sich. Nach Erfindung des Dübels für die Wandmontage hat Artur Fischer seinen Erfindergeist auch in den Dienst der Medizin gestellt und mehrere Dübel für Knochenbrüche entwickelt. Als er die Leitung der *Fischerwerke* abgab, zog er sich nicht etwa ins Privatleben zurück, sondern übernahm die Leitung

Mitte der 1960er-Jahre erfand Artur Fischer das Technikspielzeug *Fischertechnik*.

des *Fischer-Forschungszentrums,* was zu vielen weiteren Erfindungen führte. So entwickelte das Forschungszentrum 1984 einen Universaldübel für den Hausgebrauch, der nahezu in jedem Untergrund sicher hält. Auch die heute gebräuchlichen sogenannten Hinterschnittanker für Betonwände, an denen schwere Lasten fixiert werden können, sind eine Erfindung von Artur Fischer. Insgesamt kann sich der ideenreiche Tüftler über 100 Erfindungen persönlich zuschreiben, er hält weltweit mehr 1200 Patente, davon etwa 600 in Deutschland.

1960 | Kaltlicht-Endoskop

In den menschlichen Körper hineinzuschauen und das Gesehene in Bildern zu dokumentieren, ohne den Körper vorher zu öffnen, ist gar nicht so einfach. Wer als Mediziner das Körperinnere sehen oder nach dem Prinzip der Schlüsselloch-chirurgie operieren möchte, ist auf Endoskope mit hellem Licht und optimaler Sicht angewiesen. Genau hier setzte der Tuttlinger Unternehmer und Erfinder Karl Storz, geboren am 31. März 1911, an.

Die Kaltlichtquelle von 1960.

Gegenüberliegende Seite: OP-Showroom in Tuttlingen. So sieht die Endoskopie im 21. Jahrhundert aus.

Karl Storz, gelernter Chirurgie-Instrumentenmacher und fasziniert von der Medizintechnik, begann im Jahr 1945 nach seinem Kriegsdienst als Sanitäter erfolgreich Hals-Nasen-Ohren-Instrumente herzustellen. Der direkte Kontakt und die enge Zusammenarbeit mit den Ärzten, ohne Umwege über Zwischenhändler, zahlten sich von Anfang an aus. Karl Storz wusste, was die Mediziner benötigten und war in der Lage, sorgfältig, ausdauernd und trotz komplexer Fragestellungen an Lösungen zu tüfteln. So stellte er sich selbst der Herausforderung, die endoskopische Beleuchtung zu verbessern. Die damals gebräuchlichen Miniaturlämpchen, die an der Spitze der Endoskope verbaut waren, leuchteten nämlich zu schwach und nicht ausdauernd genug. Zudem wurden die kleinen Glühbirnen gefährlich warm. Karl Storz wollte eine brillante Sicht, Helligkeit und Bildübertragung ermöglichen und darüber hinaus die Patienten vor spannungsführenden Teilen im Körper und unnötig dicken Endoskopen verschonen. Dafür musste zunächst die Lichtquelle vom Endoskop getrennt werden. 1956 gelang ihm ein erster großer Schritt, als er ein Elektronenblitzsystem außen am Endoskop ankoppelte. Die Übertragung des Blitzlichtes in den Körper

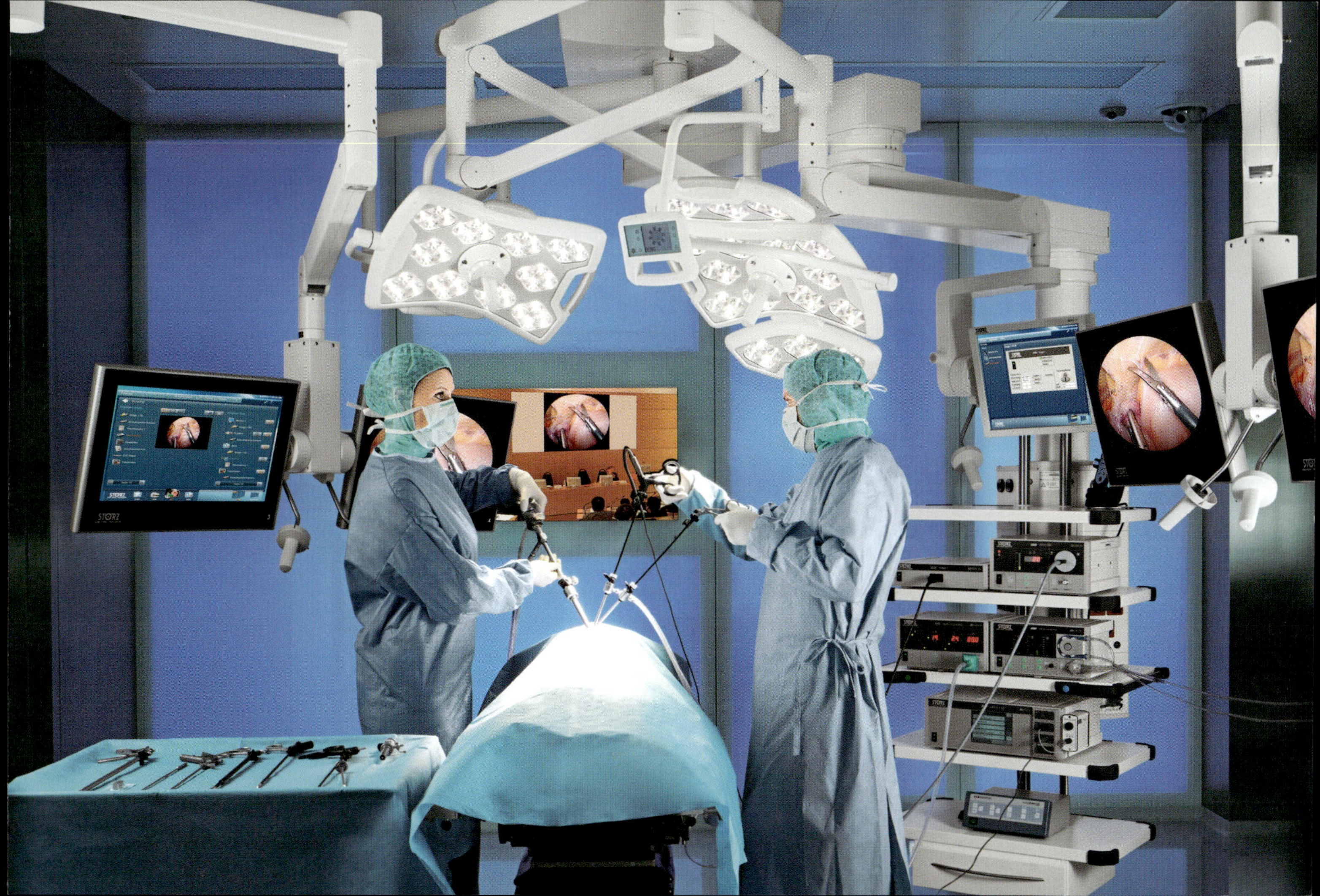
STORZ

Die Kaltlichtquelle ist über das Lichtkabel mit dem Endoskop verbunden.

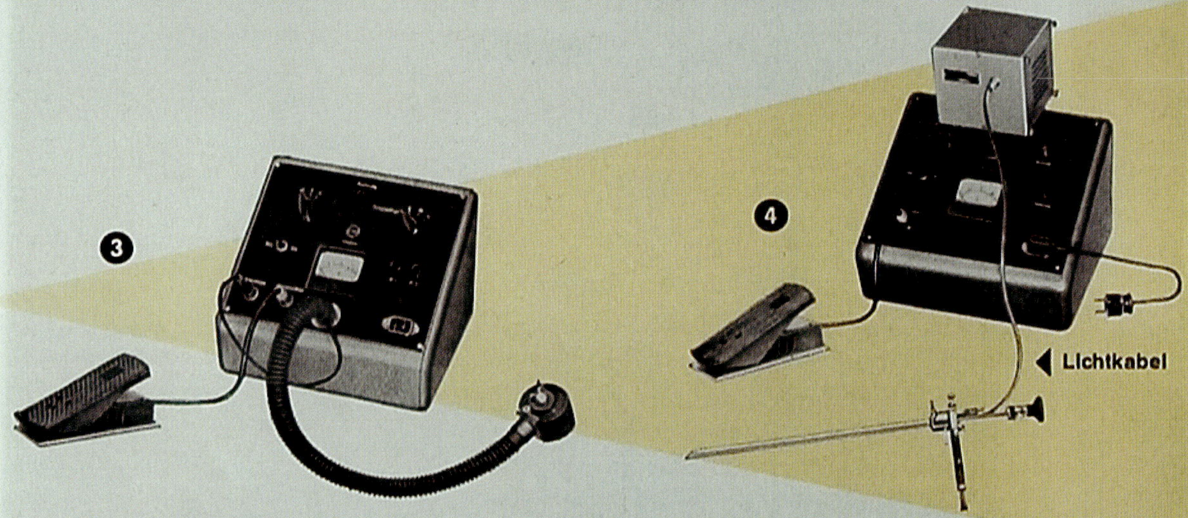

4

Zur Untersuchung, Kinematographie und Television:

Große Kaltlicht-Einrichtung, Leistung 150 Watt

Lichtquelle getrennt vom Endoskop angeordnet, Lichtzuführung zum Instrument durch flexiblen Fiberglas-Lichtleiter »Lichtkabel«.
Keine Behinderung durch die Lichtquelle.
Das Endoskop bleibt stromlos.
Ohne Wechsel der Lichtquelle sofortiger Übergang von der Untersuchung auf Filmen oder Fernsehen.

Wesentliche Konstruktionsmerkmale unserer Instrumente sind im In- und Ausland gesetzlich geschützt.

KARL STORZ · TUTTLINGEN Süddeutschland
Hermannstraße 14

erfolgte damals über Quarzstäbe, die mit dem Endoskop verbunden waren. Das Prinzip entsprach dem Blitz eines Fotoapparats, der für einen Moment das anvisierte Objekt ausleuchtete. Doch er wollte nicht nur eine bisweilen verwackelte Momentaufnahme haben, sondern so lange gut sehen, wie es medizinisch erforderlich war. Der endgültige Durchbruch gelang ihm 1960 mit der Erkenntnis, dass sich flexible Glasfasern sehr gut zur Lichtleitung eignen. Damit konnte er die Lichtquelle, die immer mit Wärmeentwicklung einherging, vom im Körper befindlichen Instrument trennen und damit in ihrer Leuchtkraft beliebig steigern. Die Kaltlichtquelle und das Prinzip der flexiblen Lichtleitung von der Lichtquelle zum Endoskop waren geboren. Karl Storz bekam den Rechtsschutz. Doch damit nicht genug. Für Karl Storz war zwar die Fragestellung des Lichts gelöst, die Sicht stellte ihn jedoch nicht zufrieden. Er beschäftigte sich daraufhin mit dem System der Stablinsen, das

der Engländer H. H. Hopkins 1959 patentieren ließ, und nahm Kontakt zu dem Physiker auf. Die Stablinsenoptiken gingen ab 1965 in Produktion und setzten bis dato einen weiteren Meilenstein in der endoskopischen Bildübertragung. In den darauffolgenden Jahren, am Ende sind es rund 400 Patente und Gebrauchsmuster, konnte Karl Storz das Gebiet der Medizintechnik wesentlich erweitern.

Der Beginn der minimalinvasiven Chirurgie, umgangssprachlich auch Schlüssellochchirurgie, forderte seinen Erfindergeist immer wieder aufs Neue. Die Endoskopie erlebte vor allem in den 1970er- und 1980er-Jahren einen großen Aufschwung und eröffnete auch der Foto-, Film- und Videotechnik neue Möglichkeiten. Im Alter von 85 Jahren starb am 23. Mai 1996 der einstige Instrumentenmacher, erfolgreiche Unternehmer und Ehrendoktor der medizinischen Fakultät der Universität Marburg in Tuttlingen. Inzwischen wird die Endoskopie in allen medizinischen Disziplinen von Kopf bis Fuß eingesetzt. Die Bildübertragung ist mit High Definition oder 3D-Kamerasystemen im digitalen Zeitalter angekommen. Ohne die Impulse und die Hartnäckigkeit von Karl Storz wären diese Fortschritte nicht möglich gewesen. Heute führt seine Tochter Sybill Storz die Geschäfte des global agierenden Familienunternehmens *Karl Storz* mit 5800 Mitarbeitern, davon knapp 2000 am Stammsitz in Tuttlingen, fort.

Der Erfinder, Unternehmer und gelernte Chirurgie-Instrumentenmacher Karl Storz.

1963 | *Stretch-Jeans*

Albert Sefranek war der Mann, der die original blaue Amihose nach Künzelsau brachte. Er schneiderte sie nach und schrieb Modegeschichte. Für die Frauen machte er die Jeans gesellschaftsfähig und komfortabel dazu. Denn die erste europäische Jeans für Damen, die *Girls-Camping-Hose* von 1953, stammte ebenso aus seiner Nähstube wie die erste Stretch-Jeans in Twistform. Mittlerweile hat das figurschmeichelnde blaue elastische Beinkleid sogar das robuste Denim verdrängt – zumindest in den Kleiderschränken der Damen.

Die *Girls-Camping-Hose,* hier aus dem Jahr 1955, war die erste Jeans für Frauen.

Albert Sefranek, der am 18. Mai 1920 geboren wurde, wird gerne auch als Jeanspionier aus Künzelsau bezeichnet. Denn er war es, der 1948 in einer Frankfurter Bar kurzerhand sechs Flaschen Schnaps gegen sechs originale US-Jeans in verschiedenen Größen tauschte und den Grundstein für die Jeans aus dem Ländle legte. Zurück im Nähbetrieb der Schwiegermutter Luise Hermann, die vorrangig Arbeitskleidung fertigte, trennte er die bretthartenArbeiterhosen aus Amerika auf und entwickelte aus den Einzelteilen eigene Schnittmuster. Doch Luise Hermann zeigte sich über seinen Vorschlag, auch solche Hosen herzustellen, nicht sonderlich begeistert. Die resolute Dame bezeichnete die als ordinär verpönten Jeans aus Amerika als »Karussellfahrerhosen« und weigerte sich. Erst als Albert Sefranek 1949 einen lukrativen Auftrag an Land zog, ließ sich die Schwiegermutter auf das Abenteuer aus blauem Stoff ein. Unter dem Label *L. Hermann Kleiderfabrik* ging die erste deutsche Jeans mit Namen *Hermann Cowboyhose* mit dreifachen Kappnähten über den Ladentisch. Das verarbeitete Material war zwar blau und strapazierfähig, aber weder mit Indigo gefärbt noch aus echtem Denim. Mit der *Girls-Camping-Hose,* der ersten Jeans für Frauen samt einem züchtigen Reißverschluss an der Seite, betrat Sefranek 1953 Neuland. Es

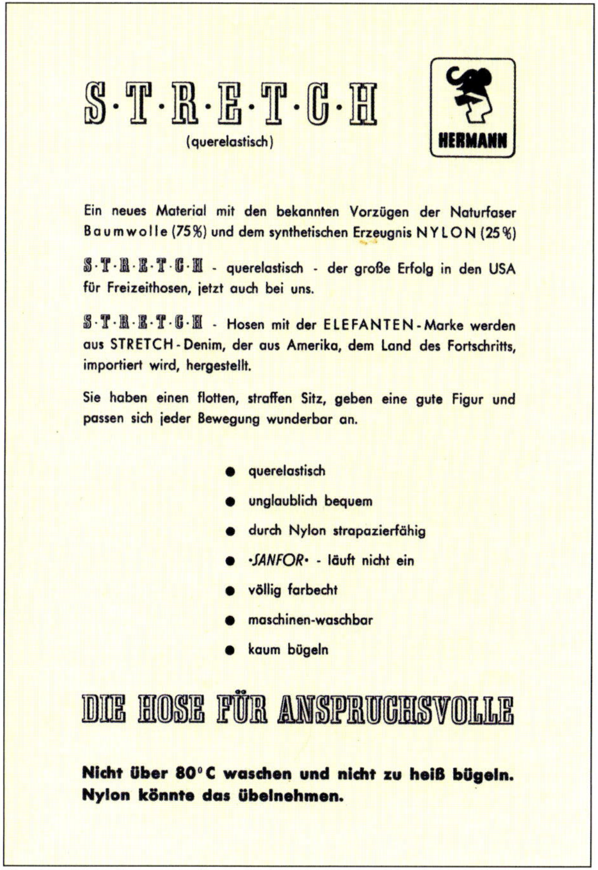

Werbung für Stretch-Hosen aus dem Jahr 1963.

Die Twisthose *Expandra Stretch* aus dem Jahr 1964.

Albert Sefranek brachte die blaue Amihose nach Künzelsau.

war die Zeit des Wirtschaftswunders, von Petticoat und Nierentisch, Rock'n'Roll und Bossa Nova, aber auch die Ära der Prüderie. Hosen für Frauen waren seinerzeit noch ungewöhnlich. Schon zwei Jahre später, 1955, legte er mit der ersten Cord-Jeans nach.

An den begehrten Denimstoff für seine Bluejeans, der besonders dicht und fest gewoben ist, als äußerst strapazierfähig gilt und sich durch die Färbung mit Indigo gewollt aufhellen lässt, kam der Künzelsauer Jeanspionier erst 1958. Für seinen heimlichen Einkauf von US-Stoff im Wert von 100 000 Mark riskierte er Kopf und Kragen sowie jede Menge Ärger mit seiner Schwiegermutter Luise. Doch sein Mut hatte sich gelohnt. Die Denim-Jeans aus Baden-Württemberg eroberten den Markt. Schon bald ersetzte der Markenname *Mustang*, der für Abenteuer, Freiheit und Dynamik stand, den Namen der Hermann'schen Kleiderfabrik. Ein wildes Pferd schmückte als Bildlabel die Ware.

Mit der 1963 eingeführten *Expandra-Stretch-Hose* in Twistform mit schusselastischem Denim schuf der geschäftstüchtige Vorkämpfer eine moderne Hose, die sich jeder Körperbewegung anpasste. Das elastische Stoffgemisch für die ersten Stretch-Hosen, das Sefranek in Amerika aufgegriffen hatte, bestand seinerzeit aus 75 Prozent Baumwolle und 25 Prozent Nylon und sorgte so für Bewegungsfreiheit nicht nur während der Flower-Power-Ära. Erst mit Einführung einer neuen Stretchstoffgeneration 1981 änderte sich die Zusammensetzung hin zum Mischungsverhältnis aus 98 Prozent Baumwolle und 2 Prozent Lycra, das bis heute Bestand hat. Der Dehneffekt liegt bei stolzen 30 Prozent und zeigt, wie anpassungsfähig und flexibel die Hosen tatsächlich sind.

Übrigens haben sich die Stretch-Jeans im Lauf der Jahre nur bei Frauen durchgesetzt, die inzwischen bei Jeans fast ausschließlich auf das elastische Material setzen, ganz egal ob auf Hüfte geschnitten, knalleng, mit Schlag oder aufwändig verziert. Männer bevorzugen nach wie vor die ursprüngliche, derbe, feste und mit Indigo gefärbte Denim-Jeans – je nach Trend und Anlass auch gebürstet, geschliffen, mit Sand bestrahlt, mit Steinen gewaschen oder mit der Schrotflinte durchschossen.

Mustang-Museum,
Austraße 10,
74653 Künzelsau,
Telefon (0 79 40) 1 25-3 50
www.mustang-museum.de

Was sich im Vorführraum eines Kinos abspielte, blieb den Besuchern früher meist verborgen. Die Kinofans konzentrierten sich auf die Leinwand und genossen die Geschichten der Leinwandhelden. Wer jedoch einen Blick hinter die Kulissen warf, stolperte über die Erfindungen des oberschwäbischen Kinopioniers Willi Burth. Mittlerweile hat die Digitaltechnik die Oberhand in den Kinos übernommen. Die Zeit der Filmrollen ist abgelaufen.

Kino definierte sich um 1900 als tonlose Filmvorführung in Schwarz-Weiß mittels eines Kinematographen auf dem Marktplatz. Schon als 10-jähriger Bursche wurde der am 10. September 1904 in Saulgau geborene Willi Burth in Sachen Filmvorführung aktiv. Mit seinem Kinderfilmprojektor samt selbst zusammengeklebten Filmstreifen unterhielt der kleine Willi einst gegen ein Eintrittsgeld seine Freunde. Bald vergrößerte er sein Publikum und führte in der Turnhalle Bergfilme auf. Hilfreich war ihm dabei seine Ausbildung zum Textilkaufmann. Denn Leinwand, die er für die Projektion benötigte, stand hier in Hülle und Fülle zur Auswahl. Als 19-Jähriger machte er sich in der Inflation mit seiner ersten gebrauchten, aber beschädigten Filmvorführmaschine, die er für 50 Millionen Reichsmark erstand, selbstständig. Kaum hatte er die Maschine repariert, verdiente sich Burth durch Filmvorführungen im Umkreis sein erstes Kapital. Ab dem Jahr 1930 erwarb und baute Burth mehrere Kinos in Saulgau und Ravensburg. Nach dem Zweiten Weltkrieg, in der Blütezeit des Kinos, besaß er in Ravensburg mit dem Theater am Frauentor und seinen 900 Sitzplätzen sogar das größte Kino Oberschwabens.

Willi Burth, oberschwäbischer Kinopionier, Textilkaufmann und Kinobetreiber. Für seine Erfindungen erhielt er unter anderem den »Technik-Oscar«.

Doch viel mehr als für die bewegten Bilder auf Zelluloid interessierte sich Burth aufgrund der Raumnot in den Lichtspielhäusern für die sperrigen Projektoren. Seinerzeit arbeitete man mit zwei Vorführgeräten und Überblendungstechnik. Die Filmvorführung ging mit dem häufigen Wechsel von Filmrolle zu Filmrolle einher. Danach mussten die Filmrollen, um wieder an den Anfang zu gelangen, »umgerollt«, also rückgespult werden. Das kostete nicht nur wertvolle Zeit und Personal, sondern verkratzte überdies das Filmmaterial. Anlass genug für den Kinobetreiber, sich in seiner Kellerwerkstatt zu verschanzen und nach einer Lösung zu fahnden. Dazu nahm er 1954 die Filmspule aus der Aufhängung und legte sie waagerecht auf den Tisch. Nun konnte er den Anfang des Films im Inneren der Spule herausziehen. Der bis zu 25 Kilogramm schwere und zwischen 3 und 4,5 Kilometer lange komplette Film lagerte fortan bei Burth auf einer Scheibe mit bis zu 140 Zentimetern Durchmesser. Die Erfindung, der *Burthsche Teller,* beruht demnach auf einem Aufwickler, der sich den Anfang des Films schnappt, abwickelt, durch den Filmprojektor führt und zunächst auf der zweiten Scheibe wieder ablegt. Anfangs musste der Film nach der Vorstellung jedoch wieder personalintensiv von Hand auf die erste Scheibe gewickelt werden, damit er erneut abspielbereit war. Die Weiterentwicklung des *Burthschen Tellers* war 1969 der weltweit patentierte *No-Rewind-Filmteller* mit dem Ziel, den Film direkt vom zweiten Teller abzuspielen. Das Kniffelige dabei war die Steuerung der Telleranlage. Denn der innere Durchmesser des Filmpakets wurde beim Abspielen immer größer, die Telleranlage musste sich entsprechend langsamer drehen.

Der als verschmitzt und spitzbübisch beschriebene Tüftler Burth konnte noch auf weitere Entdeckungen stolz sein. So auf den *Burthschen Spiegelprojektionstunnel*, dem die Überlegung zu Grunde lag, wie ein 35-Millimeter-Projektor das Bild auf eine Leinwand im darunterliegenden Raum projizieren kann. Burth löste die Fragestellung mit einem Spiegelkanal.

Im fortgeschrittenen Alter, putzmunter, noch voller Ideen und Tatendrang, beschäftigte den technisch begabten Burth erneut sein Filmteller. 1984 präsentierte er den *Endlos-Doppelteller*. Für seine Erfindungen heimste Willi Burth die Ehrenmedaille der Spitzenorganisation der Filmwirtschaft, den »Technik-Oscar«, das Bundesverdienstkreuz am Bande sowie die Goldene Leinwand des Hauptverbands Deutscher Filmtheater ein. Willi Burth starb am 8. Dezember 2001 im Alter von 97 Jahren in Ravensburg.

Willi Burth Museum,
im Kinozentrum »Die Burg« am Marienplatz,
88212 Ravensburg,
Telefon (07 51) 3 61 44 36,
www.cineparc.de

Willi Burth fand für sperrige Technik individuelle Lösungen.

Gegenüberliegende Seite: Der weltweit patentierte *No-Rewind-Filmteller* von 1969 ermöglichte das Abspielen des Films direkt vom zweiten Teller.

1969 | *Pistenbully*

Die Kässbohrer Fahrzeugwerke in Ulm waren zum Ende der 1960er-Jahre der größte Hersteller von Reisebussen und Lkw-Anhängern in Deutschland. Geführt wurde das Unternehmen von den Brüdern Karl und Otto Kässbohrer, beide begeisterte Skifahrer und Alpinisten. Karl Kässbohrer wollte einmal im Leben ein Fahrzeug schaffen, das nicht nur dem Transport diente, sondern in erster Linie der Freude der Menschen. Es war die Geburtsstunde des Pistenbullys.

Karl Kässbohrer erfand die moderne Pistenraupe.

Gegenüberliegende Seite: Das erste Pistenbully-Modell aus dem Jahr 1969.

Im Winter 1967 hatte Karl Kässbohrer einige Tage auf der Seiser Alm in Südtirol verbracht. Zum Skifahren kam er kaum, denn Neuschnee hatte die steilen Pisten so bedeckt, dass der Betreiber sie nicht präparieren konnte. Nach seiner Rückkehr machte sich Kässbohrer daran, seine Ideen für ein Fahrzeug zum Präparieren von Skiabfahrten zu skizzieren. »Da gibt es zwar schon manches«, erklärte er seinem Bruder Otto, »aber das funktioniert nicht befriedigend. Das muss besser gemacht werden.«

Kettengetriebene Motorgeräte zur Pistenpräparation hatte man erstmals 1960 bei den Olympischen Spielen in Squaw Valley (USA) gesehen. Die Maschinen sahen beeindruckend aus, ihr Effekt war dürftig. Mitte der 1960er-Jahre entstanden auch in Europa Prototypen und Geräte mit Kettenantrieb, denen ebenfalls kein Erfolg beschieden war. Als Karl Kässbohrer 1968 damit begann, sein Sonderfahrzeug 001 – der *Pistenbully* hatte ja noch keinen Namen – konkret werden zu lassen, hatte er die Schwachstellen analysiert: Die von Planierraupen oder Panzern bekannte Lenkung mittels zweier Hebel war zu unpräzise und in Steilhängen wegen ruckartiger Bewegungen nicht praktikabel. Schaltgetriebe waren auf verschneiten Steilhängen schwer zu bedienen, und es bestand die Tendenz, dass sich die Maschinen beim Anfahren eingruben. Die Ketten setzten sich

Bully

PistenBully

Heutige Pistenbullys sind Alleskönner, die auf sämtlichen Kontinenten der Welt eingesetzt werden.

rasch mit Schnee zu, und die ohnehin extremen Arbeitsbedingungen für den Fahrer wurden durch enge Führerhäuser weiter erschwert.

Kässbohrer entwarf ein Kettenfahrzeug, von dessen stufenlosem Verteilergetriebe aus zwei Hydraulikpumpen die Antriebskraft verteilten. Pro Fahrzeugseite wurde ein Antriebsrad von einem Hydraulikmotor in Bewegung versetzt. Gesteuert wurde über Gashebel und Lenkrad. Der Hebeldruck bestimmte die Geschwindigkeit, der Lenkradeinschlag verteilte die Antriebsmomente. Nach rechts wurde gelenkt, indem die linke Kette entsprechend mehr Antriebsmoment erhielt als die rechte. Da der Fahrer nicht schalten musste und die Lenkung sensibel funktionierte, war das Fahrzeug einfach zu bedienen. Der Wegfall von Schaltgetriebe, Kupplung und mechanischen Bremsen senkte Pannenanfälligkeit und Wartungsaufwand. Damit der Fahrer sicher und präzise manövrieren konnte, wurde sein Arbeitsplatz großzügig dimensioniert.

Blieben noch die Ketten. Die am Markt gängigen Stahlstege für Planierraupen eigneten sich nicht. Kässbohrer entwarf einen symmetrischen, konisch geformten, leicht demontierbaren Leichtmetallsteg, der sich senkrecht in den Schnee fräste, das Fahrzeug vorandrückte und sich beim Lösen aus dem Schnee selbst reinigte. Und nun blieb noch der Name. *Pisten-Setra* war einer der Vorschläge. *Setra* (**se**lbst**tra**gende Karosserie) war die Omnibusmarke der *Kässbohrer Fahrzeugwerke,* die international für technische Avantgarde stand. Karl Kässbohrer selbst schlug schließlich wegen der bulligen Steigfähigkeit und der kraftvollen Motoreigenschaften den Namen *Pistenbully* vor, unter dem die Pistenraupe zu einem weltweiten Verkaufsschlager wurde. *Pistenbullys* sind auf allen sieben Kontinenten der Welt unterwegs – denn sie werden auch für Expeditionen in der Antarktis eingesetzt.

1969 wurden die ersten fünf Maschinen ausgeliefert, seine internationale Bewährungsprobe bestand der *Pistenbully* 1972 bei den Olympischen Winterspielen von Sapporo (Japan). 1975 verließ bereits der 1000. *Pistenbully* das Werk. 1976 gelang mit dem *Pistenbully 170 D* mit wirtschaftlichem Dieselmotor ein weiterer Durchbruch – seine Winterfestigkeit verdankte sich nicht zuletzt der langjährigen Erfahrung der Kässbohrer Fahrzeugwerke mit Omnibusmotoren. 1979 waren weltweit bereits 2000 *Pistenbullys* im Einsatz. Karl Kässbohrer hat die Karriere seiner Idee bis hin zur Weltmarktführerschaft nicht erlebt: Er starb 1973 im Alter von 72 Jahren. Sein Bruder Otto, der 1989 im Alter von 85 Jahren starb, musste die Auflösung des Ulmer *Kässbohrer-Konzerns* wenige Jahre später nicht mehr erleben. Die *Pistenbullys* werden seit 1994 von der ausgegliederten *Kässbohrer Geländefahrzeug AG* hergestellt, die 2002 nach Laupheim umzog. Die Omnibusmarke *Setra* gehört heute zur *Daimler AG.*

In den 1980er-Jahren setzte sich die Schwarzwälder Uhrenindustrie mit ihrer jahrhundertealten Tradition nochmals an die Weltspitze. Zeitgleich hatten zwei Unternehmen funkgesteuerte Quarzuhren zum Gebrauch für jedermann entwickelt und 1985 erstmals angeboten.

Dass eine Uhr ganz genau geht, mutet selbstverständlich an. Ist es aber nicht, weshalb sich bis ins zurückliegende Jahrhundert hinein Uhrmacher und Uhrenhersteller mit immer raffinierterer Feinmechanik das Rennen um die genaueste Uhr lieferten. Mit mechanischen Uhren konnte man sich der Perfektion nähern – erreichen konnte man sie nicht. Dann kam die Quarzuhr. In ihr sorgt ein synthetisch hergestellter Schwingquarz für die Ganggenauigkeit. Der Taktgeber pulsiert mit einer Frequenz von 32 768 Hertz, aus der sich Sekundenimpulse ableiten lassen. Tragbare Quarzuhren sind viel präziser als Uhrwerke und haben sich seit Produktion der ersten Quarz-Armbanduhren in den 1970er-Jahren sehr schnell durchgesetzt. Die erste funktionierende Quarzuhr ist übrigens Mitte der 1930er-Jahre in Deutschland gebaut worden – sie hatte noch die Größe eines Schrankes. Quarzuhren zeigen die Uhrzeit sehr präzise an – und dennoch nicht ganz genau: Je nach Bauweise sind Quarzuhren auf den Monat bezogen um einige Sekunden ungenau. So stellte sich bald nach dem Erfolg der Quarzuhren erneut die Frage: Geht es nicht noch genauer?

Es geht, dank zweier Technologien, die ebenfalls in den 1970er-Jahren Anlauf nahmen: In Deutschland geben die Atomuhren der Physikalisch-Technischen Bundesanstalt in Braunschweig den Takt an. Ihr digital codiertes Zeitsignal wird seit 1973 über einen

Die erste Funkuhr von *Kundo*.

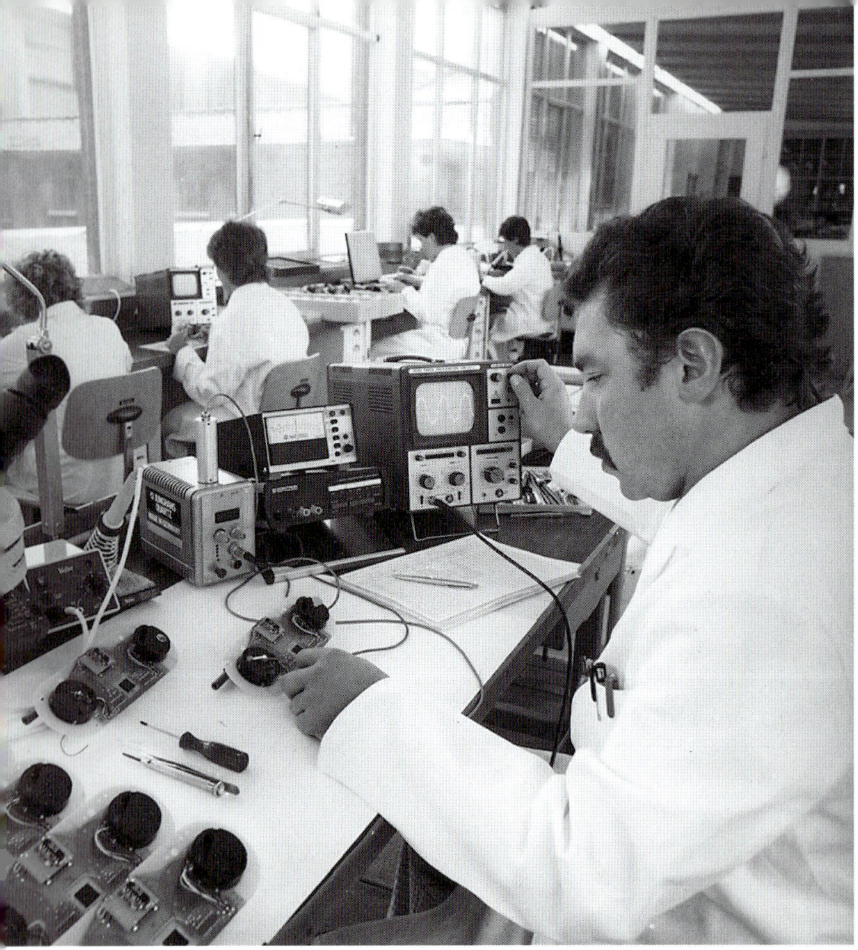

Langwellensender ausgestrahlt und kann damit von Funkempfängern verarbeitet werden. Zunächst kamen Funkuhren nur im professionellen Bereich zum Einsatz – sie waren voluminös und teuer. Zeitgleich wurden integrierte Schaltkreise entwickelt, welche die zum Empfang benötigten elektronischen Funktionen in immer kleineren Bauteilen zusammenfassten. Weitere Faktoren waren die Miniaturisierung der benötigten Antennen sowie das Energiemanagement, damit die Batterien auf praktikable Standzeiten kamen. All diese unabhängig voneinander laufenden Entwicklungen wiesen der Uhrenindustrie den Weg: Nach der Quarzuhr kommt die funkgesteuerte Quarzuhr.

Zu ihrer Entwicklung wurde von der Forschungsgesellschaft für Uhren- und Feingerätetechnik, die seit 1989 Hahn-Schickard-Gesellschaft heißt, zu Beginn der 1980er-Jahre ein Arbeitskreis »Funkuhr« gegründet. Dort arbeiteten mehrere Uhrenhersteller an der Abstimmung über technische Details. Zwei Schwarzwälder Unternehmen dauerten die Abstimmungsprozesse zu lange, sie trieben die Entwicklung marktfähiger Funkuhren in Eigenregie voran. Als der Hersteller *Telefunken* den ersten integrierten Schaltkreis für marktfähige Funkuhren verfügbar machte, präsentierten *Kundo* (St. Georgen) und *Junghans* (Schramberg) 1985 ihre unabhängig voneinander entstandenen Modelle. *Kundo,* heute ein Unternehmen der *Obergfell Technology Group (OTG),* war zu jener Zeit ein bedeutender Hersteller von Großuhren und hatte sich bereits mit Quarzuhren einen Namen gemacht. Das Unternehmen war 1899 von Johann Obergfell gegründet worden und hat seinen Namen von einer einstigen Partnerschaft: Die Firma hieß zeitweilig *Kieninger und Obergfell,* kurz: *Kundo.* 1955 hatte *Kundo* die erste vollelektronisch gesteuerte Uhr der Welt in Serienfertigung hergestellt. 1971 stellte das Unternehmen die erste quarzgesteuerte Batterie-Digitaluhr der Welt vor. Auch die Funkuhr von 1985 war ein technisches Meisterwerk: Es handelte sich um eine analoge Tischuhr mit schwenkbarem Zifferblatt, Zentralsekunde und Datumsanzeige. Im Gehäuse verbargen sich zwei Antennen zum Empfang des Zeitsignals; die Uhr wurde zum Preis von 499 DM angeboten.

Herbert Obergfell brachte mit seinem Unternehmen *Kundo* die erste Funkuhr der Welt auf den Markt.

Junghans, das 1861 gegründete Unternehmen im nahen Schramberg, damals der größte Schwarzwälder Uhrenhersteller und einst sogar die größte Uhrenfabrik der Welt, stellte seine Funk-Tischuhr ebenfalls im selben Jahr vor. Anders als die *Kundo*-Uhr hatte das Modell von *Junghans* zwei Zifferblätter – eines für den Sekundenzeiger, eines für Minuten und Stunden – und keine Datumsanzeige. Der Preis von 998 DM wirkte zunächst abschreckend, doch hielt man bei *Junghans* an der Idee der genauesten aller möglichen Uhren fest und wurde rasch mit kommerziellen Erfolgen belohnt. Im weiteren Verlauf ließ Junghans Innovation auf Innovation folgen: 1986 die erste Funkuhr mit Solarzellen, 1990 die erste Funk-Armbanduhr der Welt, 1991 Funk-Armbanduhren mit Digital- und Analoganzeige und schließlich 1993 die erste solarbetriebene Funk-Armbanduhr. *Kundo* hingegen hat als Unternehmen, das vor allem Uhren für die Industrie baute, die Endverbraucher nicht mit weiteren Modellen bedient. Heute baut man in St. Georgen unter anderem Funkuhrempfänger für die Automobilindustrie und Zeitsteuerungen für Heizungsanlagen. Was die beiden Unternehmen *Junghans* und *Kundo* eint: Im Vergleich zur Blütezeit der Schwarzwälder Uhrenindustrie beschäftigen sie heute nur noch einen Bruchteil der einstigen Zahl von Mitarbeitern.

Unten: Funkuhren gehören bis heute zum Verkaufsprogramm der Uhrenmarke *Junghans.*

Gegenüberliegende Seite: 1985 stellte auch *Junghans* erste Funkuhren her.

1998 | *Skistock mit Sicherheitsbindung*

Jedes moderne Paar Ski verfügt über individuell eingestellte Sicherheitsbindungen. Beim Sturz sollen sie das Verletzungsrisiko minimieren, beim Sport die Kraftübertragung optimieren. Fangriemen von anno dazumal finden sich meist milde belächelt nur noch im Museum. »Doch warum nicht auch eine Bindung im Skistock?«, dachte sich der engagierte Unternehmer Klaus Lenhart. Denn am Körper befestigte und herumwirbelnde Stöcke seien bei Unfällen nicht minder gefährlich. Gedacht, gesagt, getan! 1998 setzte Klaus Lenhart mit den neuartigen alpinen Skistöcken seine patentierte Erfindung um.

High-Tech am Skistockgriff.

Gegenüberliegende Seite: Klaus Lenhart sprühte vor Ideen und Geistesblitzen und zeichnete erste Entwürfe auch schon einmal auf Servietten.

Klaus Lenhart, geboren am 1. Mai 1955 und bei einem Flugunfall verstorben am 30. April 2012, war ein vielseitiger und hoch angesehener schwäbischer Unternehmer. In seiner Freizeit war er leidenschaftlicher Skifahrer und siegreicher Kunstflieger. Darüber hinaus sprühte er nur so vor Ideen. Ideen, die vor allem im Bereich Skisport die Leitgedanken Sicherheit und Komfort in sich vereinten. So kam es vor, dass Klaus Lenhart schon frühmorgens mit einem neuen Einfall ins Büro marschierte, zeichnete und seinen Aufschrieb höchstpersönlich in die Werkstatt trug. Mitunter fand sich ein erster Entwurf sogar auf einem Stück Serviette wieder – weil beim Mittagessen auf die Schnelle keine andere Schreibunterlage zur Verfügung stand. Sein Intellekt schien nie zu ruhen. Geistesblitze waren bei ihm an der Tagesordnung. So auch 1998 bei der ersten Generation seines außergewöhnlichen Skistocks, dem *Trigger 1*. Das patentierte Modell sorgte durch sein technisch ausgefeiltes Griff- und Schlaufensystem für eine optimale Kraftübertragung und Sicherheit. Bei großer Zugbelastung wie bei einem Sturz löst sich der Stock automatisch von der Schlaufe. Das System ist nicht nur komfortabel, sondern überdies praktisch. Wer schnell eine freie Hand braucht, klickt den Stock gezielt aus und spä-

LEKI

Sicherheit und Komfort waren Leitgedanken bei der Entwicklung der neuartigen Sicherheitsbindung am Skistock. Handskizze für Griffe am Skistock.

Gegenüberliegende Seite: Auf dem Bild sieht man das Ensemble aus Stock und passendem Handschuh.

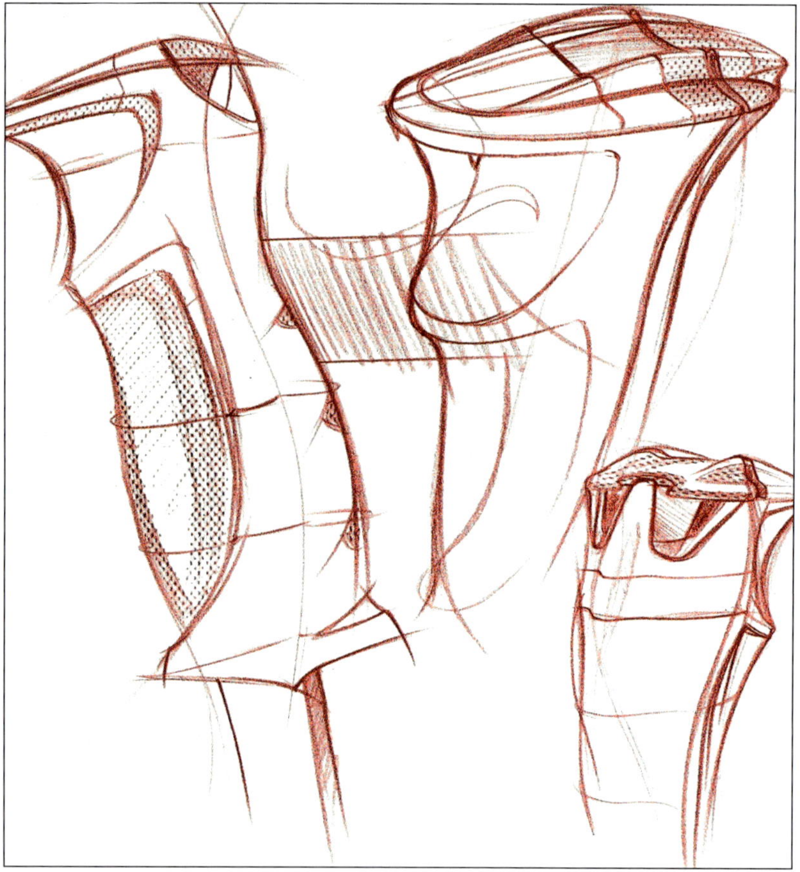

ter wieder ein. Die Schlaufe verbleibt unverändert am Handgelenk. Und wie beim Ski mit passender Bindung samt Schuh ging auch Klaus Lenhart mit dem Ensemble Handschuh und Stock auf den Markt. Die Rennsportler, die seine Innovation schon in der Entwicklungsphase testen durften, waren ebenso begeistert wie anschließend viele Freizeitsportler. Die zweite Generation des komfortablen Skistocks ließ deshalb nicht lange auf sich warten und folgte 2007 als patentierter *Alpin Trigger S*. Inzwischen profitieren selbst Nordic Walker vom praktischen Klick-System.

Apropos Talent: Ideen, innerer Antrieb und unternehmerischer Mut kamen bei Klaus Lenhart nicht von ungefähr. Schon sein Vater Karl Lenhart zeigte sich als Gründer des Familienunternehmens *Leki* in Kirchheim unter Teck äußerst einfallsreich und steht mit seinem Namen unter anderem für die Befestigungshülsen bei Skitellern oder den Glasfaserschäften der Skistöcke.

LEKI
LEKI
LEKI
CLICK
LEKI
Titanium
WORLDCUP
RACING

2012 | *Spätzle-Shaker*

Die häusliche Spätzleproduktion ist durch viele Hilfsmittel zwar einfacher geworden, dennoch braucht es für die Teigzubereitung stets allerlei Utensilien. Dieses Problem hat auch das Tübinger Erfinderduo Susann (geboren 1962) und Julien (geboren 1997) Hartung erkannt – und gelöst.

Im *Spätzle-Shaker* werden die Zutaten kräftig durchgeschüttelt.

Um ihre Erfindung, den *Spätzle-Shaker,* zu entwickeln, analysierte das Mutter-Sohn-Gespann zunächst die eigene, zugegeben ungewöhnliche Herstellung ihrer Leibspeise von der Teigzubereitung bis zum fertigen Produkt. Bislang benutzten sie eine Schüssel für den Teig und ihren Emailleseiher, durch den sie die Masse anschließend ins kochende Wasser spachtelten. Im Hinterkopf geisterte den Erfindern bereits das Prinzip ihres gern benutzten Salatsoßenshakers und das der Nagellackfläschchen mit den kleinen Kugeln herum. Viele Küchenexperimente samt Einsatz von schwerem Gerät – der Bohrmaschine – folgten. Die Journalistin Susann Hartung und ihr Sohn, Nachwuchserfinder Julien, der schon einen dritten Platz beim Artur-Fischer-Preis einheimste, entwickelten so zusammen einen Prototypen. Das Endprodukt ihrer Versuche war der 2012 patentierte *Spätzle-Shaker,* den es in zweierlei Größen und verschiedenen Farben gibt. Das Prinzip ist dabei so einfach wie genial. Für den homogenen Teig sind zwei Edelstahlkugeln im leichten Schüttelbecher verantwortlich. Unter Muskeleinsatz vermischt und schüttelt man die Zutaten Mehl, Eier, Salz und Wasser in kurzer Zeit zu einer geschmeidigen Masse. Anschließend drückt man den fertigen Teig durch einen Aufsatz mit Düsenöffnungen direkt ins Kochwasser. Der *Spätzle-Shaker* bietet kinder- und pflegeleichten Schüttelspaß mit Erfolgsgarantie – nämlich einem Berg gelungener und vor allem selbstgemachter Spätzle und kaum Abwaschgeschirr. Und das alles in nur drei Minuten.

Der Teig wird durch einen Aufsatz mit Düsenöffnung direkt ins Kochwasser gedrückt.

Bildnachweis

Umschlagvorderseite:
Margarete Steiff GmbH und Susanne Klose

S. 7	Dr. Rolf Hein GmbH
S. 8	Gebr. Märklin & Cie. GmbH
S. 9, 11	Universität Tübingen
S. 12	Hahn-Schickard-Gesellschaft
S. 13–15	Technoseum Mannheim
S. 16	Dieter Buck
S. 17	Sabine Ries
S. 19	Rudolf Widmann
S. 18, 20	Gemeinde Ehningen
S. 21	Günter Beck Fotoverlag
S. 22/23, 24	Gemeinde Baiersbronn, Dora-Luise Klumpp
S. 25	Archiv Silberburg-Verlag
S. 26–28	© Daimler AG
S. 29, 30	Deutsches Uhrenmuseum Furtwangen
S. 31	Bit und Becker GbR
S. 32–34	Iveco Magirus Brandschutztechnik GmbH
S. 35–37	Paul Hartmann AG
S. 38–43	© Daimler AG
S. 44–48	J. WECK GmbH u. Co. KG
S. 49–52	Esselte Leitz GmbH & Co KG
S. 53–55	C. & E. FEIN GmbH
S. 56–59	© Daimler AG
S. 60–62	Gebr. Märklin & Cie. GmbH
S. 64–66, 68	© Daimler AG
S. 70–72, 73	Robert Bosch GmbH
S. 74/75	Margarete Steiff GmbH
S. 76/77	Sabine Ries
S. 78	Margarete Steiff GmbH
S. 79–82	Benno Dörflinger
S. 83–85	Familie Winterhalder, Schollach
S. 86–88	Aeroxon Insect Control GmbH
S. 89–91	Van de Velde
S.92–95	Wüstenrot & Württembergische
S. 96–98, 100	John Deere GmbH & Co. KG

S. 101–104	Edwin Mieg oHG
S. 105–108	Barbara Jandaurek
S. 109–113	Andreas Stihl AG & Co. KG
S.114, 116/117	Stadtarchiv Tübingen
S. 118–121	Hengstenberg GmbH & Co. KG
S. 115	© rainmax – iStockphoto
S. 122–124	UHU GmbH & Co. KG
S. 125–127	Archiv Erich-Schumm-Stift
S. 128–132	Susanne Klose
S. 133, 134/135	HAKA Kunz GmbH
S. 135	(kleines Bild): HAKA Werk W. Schlotz GmbH
S. 136/137	HAKA Kunz GmbH
S. 138/139	Dr. Rolf Hein GmbH
S. 140–142	Alfred Kärcher GmbH & Co. KG
S. 144, 146	Universität Stuttgart
S. 145	© Christian Nitz – Fotolia.com
S. 147–149	Fischerwerke GmbH & Co. KG
S. 150–153	Karl Storz GmbH & Co. KG
S. 154–156	Mustang GmbH
S. 157–159	Axel Burth
S.160	Kawe8-Verlag und Pressebuero
S.161/162	Kässbohrer Geländefahrzeug AG
S. 165, 167	Obergfell Technology Group AG
S. 166/167	Junghans GmbH & Co.KG
S. 168–171	LEKI Lenhart GmbH
S. 172	Archiv Silberburg
S. 173	Susan Hartung

Umschlagrückseite:
UHU GmbH & Co. KG
Aeroxon Insect Control GmbH
Dr. Rolf Hein GmbH